手工縫製 & 針織娃娃服裝縫紉書

金成美（Rosy）‧李汶沃（Anna）

張京姬（Minu）‧鄭芝媛（Dollmom）

國家圖書館出版品預行編目（CIP）資料

手工縫製&針織娃娃服裝縫紉書 / 金成美等作；陳馨
祈翻譯. -- 新北市：北星圖書, 2019.06
　　面；　公分
　　ISBN 978-986-97123-7-8（平裝）

　1. 洋娃娃　　2. 手工藝

426.78　　　　　　　　　　　　　　　108000782

手工縫製&針織娃娃服裝縫紉書

作　　者　　金成美、李汶沃、張京姬、鄭芝媛
翻　　譯　　陳馨祈
發 行 人　　陳偉祥
發　　行　　北星圖書事業股份有限公司
地　　址　　234 新北市永和區中正路 458 號 B1
電　　話　　886-2-29229000
傳　　真　　886-2-29229041
網　　址　　www.nsbooks.com.tw
E－MAIL　　nsbook@nsbooks.com.tw
劃撥帳戶　　北星文化事業有限公司
劃撥帳號　　50042987
製版印刷　　皇甫彩藝印刷股份有限公司
出 版 日　　2019 年 6 月
I S B N　　978-986-97123-7-8
定　　價　　650 元

手工縫製&針織
娃娃服裝縫紉書

前言

喜歡五顏六色、小巧可愛縫紉品的 Rosy（金成美）；
擁有靈巧手工，熱愛用 1 ~ 2mm 縫針織出娃娃衣服的 Minu（張京姬）；
靈活運用基本編織，做出任何娃娃都適合的針織圖案達人 Anna（李汶沃）；
製作現代、古典娃娃服裝都難不倒她的 Dollmom（鄭芝媛）。

熱愛娃娃的四位手工藝專家，各自利用針、線、布，
為可愛的 1/6 娃娃量身訂做出具有巧思的服裝，
可看出她們不同的風格與特色。

想為自己的娃娃穿上更漂亮的衣服嗎？
不妨跟著書中的步驟動手做做看。

就讓我們一起進入夢幻娃娃的遊戲世界吧！

目錄

Knit

19c 維多利亞裙撐洋裝

Blythe

Design by Dollmom

How To Make P68

18c 洛可可洋裝
cozy little clara
Design by Dollmom
How To Make P60

How To Make P76

婚紗上衣

cozy little clara
Design by Dollmom

婚紗上衣
caged bird ruruko girl
Design by Dollmom
How To Make P76
ruruko™©PetWORKs co.,Ltd.

How To Make P80

兩件式女帽 set

16AN ruruko

Design by Dollmom

ruruko™©PetWORKs co.,Ltd.

法式洋裝
cozy little clara
Design by Dollmom

連帽式斗篷
cuddly kuku(pureneemo xs body)
Design by Dollmom

法式洋裝

(L) deep forest ruruko, (R) 16AN ruruko honey

Design by Dollmom

ruruko™©PetWORKs co.,Ltd. .

高腰洋裝
(L) promenade clara (R)cozy little clara
Design by Dollmom
How To Make P92

高腰洋裝
caged bird ruruko girl
Design by Dollmom
How To Make P92
ruruko™©PetWORKs co.,Ltd.

口袋式斗篷
Design by Dollmom
How To Make P104

搭配口袋式斗篷的洛可可洋裝

cozy little clara

Design by Dollmom

How To Make P60, P104

臀圍撐墊（使用人體模型），裙撐

Design by Dollmom
How To Make P108

交叉式連身洋裝（無刺繡版）
基本針織連身裙

Blythe

Design by Rosy

How To Make P142, P146

How To Make P142, P146

刺繡交叉式連身洋裝
基本針織連身裙

(L)cozy little clara, (R)promenade clara

Design by Rosy

How To Make P142, P146

刺繡交叉式連身洋裝
基本針織連身裙

promenade clara

Design by Rosy

How To Make P142, P146

刺繡交叉式連身洋裝
基本針織連身裙

(L)ruruko of the gables, (R)custom dorandoran

Design by Rosy

LaDolce 洋裝
custom dorandoran
Design by Rosy
How To Make P138

圍兜洋裝

leledoll neobell

Design by Rosy

How To Make P130

How To Make P130

圍兜洋裝
petit_bijou kuku Amber
Design by Rosy

連肩袖洋裝

promenade clara

Design by Rosy

How To Make P134

How To Make P134

連肩袖洋裝

aram apple dorandoran custom

Design by Rosy

How To Make P138, P150

布製愛心壁掛
LaDolce 洋裝

leledoll neobell
Design by Rosy

長袖連身裙

custom dorandoran

Design by Anna

How To Make P172

長袖連身裙
custom dorandoran
Design by Anna
How To Make P172

吊帶裙
eden doll danielle
Design by Anna
How To Make P162

吊帶裙

petit_bijou kuku olivine

Design by Anna

How To Make P162

How To Make P158

漸層式連身裙

eden doll madeline

Design by Anna

漸層式連身裙
cozy little clara
Design by Anna
How To Make P158

How To Make P166

無袖連身裙

(L)cozy little clara, (R)eden doll madeline

Design by Anna

How To Make P166

無袖連身裙

leledoll neobell

Design by Anna

克拉拉床單
長袖連身裙
布製愛心壁掛
cozy little clara
Design by Anna
How To Make P150, P172, P176

克拉拉床單
長袖連身裙
布製愛心壁掛
cozy little clara
Design by Anna
How To Make P150, P172, P176

How To Make P188

無袖蓬蓬連身裙

ruruko ae[Aline]

Design by Minu

How To Make P188, P208

無袖蓬蓬連身裙
粉色鬱金香毛衣罩衫
custom dorandoran
Design by Minu

小丑連身裙

ruruko ae[Aline]

Design by Minu

How To Make P194

ruruko™©PetWORKs co.,Ltd.

小丑連身裙

ruruko ae[Aline]

Design by Minu

How To Make P194

俏皮女僕連身裙

Middie Blythe
Design by Minu
How To Make P178

紅髮安妮的樸素連身裙

ruruko of the gables

Design by Minu

How To Make P202

How To Make P202

紅髮安妮的樸素連身裙

aram apple custom dorandoran

Design by Minu

俏皮蝴蝶結刺繡連身裙

ruruko ae[Aline]

Design by Minu

How To Make P184

ruruko™©PetWORKs co.,Ltd.

How To Make P184, P198

俏皮蝴蝶結連身裙（無刺繡版）
象牙白派對連身裙

(L)petit_bijou kuku olivine, (R)cozy little clara

Design by Minu

粉色鬱金香毛衣罩衫
無袖蓬蓬連身裙

fresh ruruko
Design by Minu
How To Make P188, P208

粉色鬱金香毛衣罩衫
基本針織連身裙

ruruko of the gables

Design by Minu

How To Make P146, P208

Sewing

Dollmom

Rosy

· 縫紉材料 & 工具 ·

❶ 針：縫紉布料用，建議使用 9 號的小針。

❷ 蕾絲、珠類：裝飾服裝的飾品配件。

❸ 水性筆：可在布料上繪製圖案，使用遇水不會掉色的布料用筆。

❹ 防綻液：可固定摺線，防止綻開。

❺ 暗釦：使用後可讓洋裝對齊平整，建議使用 5mm 大小的尺寸。

❻ 線：建議使用棉質的手縫線，縫紉機則建議使用 60 號紗來製作。

❼ 鉗子：將袖子這類較窄的布料翻面時使用。

❽ 頂針：可保護手指和方便拔針。

＊＊布料：預備 30〜60 支的薄布料並準備大小合適的花紋。

＊＊鑷子：夾取小亮片時使用。

＊＊膠水：臨時固定時使用。

＊＊工藝用膠水：用來固定飾品。

＊＊布用雙面膠：為雙面黏合襯紙，可固定布面。

18c 洛可可洋裝

18 世紀時洛可可風的法國禮服不僅是法國宮廷中女性們的必備服飾，也是服裝史上最華麗的一種，由口袋式斗篷和其他服飾層層堆疊而成。娃娃所穿的衣服都是經過考證而製作，將以簡單、易懂的製作方法進行解說與製作。

＊為了幫助讀者能瞭解製作方法，以沒有花紋的素色布料示範製作步驟。

／適用娃娃／

Kukuclara、jjorori、Blythe、ruruko、Dorandoran等 1/6 娃娃

／製作材料／

· 內裙用布料 45cm×15cm
· 外層洋裝用布料 55cm×25cm
· 厚紙板 5cm×5cm
· 小型髮夾配件（約長 3cm）
· 暗釦 2 顆

· 內裙裝飾用蕾絲 45cm
· 外層洋裝用蕾絲 90cm
· 上衣正面與袖子裝飾用絲質蝴蝶結 90cm
· 蝴蝶結、珍珠、小花、珠子等裝飾飾品

how to Make

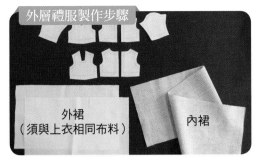

01 上衣前衣身、後衣身布料各兩片（外層、內裡）、袖子各兩片（外層、內裡）、外裙寬 24cm×長 13cm 兩片、內裙寬 43cm×長 12.5cm 一片，將所有的版型均勻塗上防綻液，等待乾燥後裁掉 0.5cm 的摺邊。

Tip 裙子的尺寸以 Kukuclara 或 Dorandoran 娃娃的尺寸為主，像 ruruko 這種瘦長身形的娃娃可比標示長度多預留 1.5cm。

02 先將上衣外層的肩線縫好後，再與袖子縫合。

03 將前衣身、後衣身及袖子縫合。

04 上圖為上衣與外裙縫製前的樣子。外裙正面中央為開啟狀態，因此準備兩張外裙用布料。

05 先將上衣的袖子與身體腰線縫製後再與外裙縫合。

06 對齊上衣內裡與肩線、側線後縫起來，上衣的外層與外裙相連縫合後再將上衣內裡與上衣外層縫在一起。

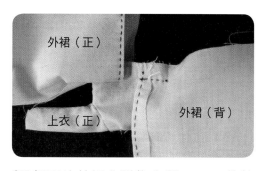

07 把兩片外裙布料往內摺 0.5cm 縫線後，以上衣前衣身腰線為中心在中間空 0.8cm 後，上衣外層正面與外裙併縫在一起。

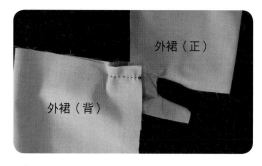

08 兩片外裙皆縫至上衣前衣身，後衣身也縫上外裙。

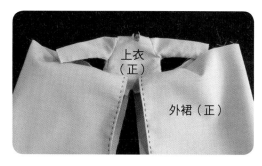

09 上圖為上衣外層與兩側外裙縫合的洋裝正面雛形。為摺線整理好的外裙正面和尚未整理的開放部分造型，外裙中間開放，未與腰部縫在一起的外裙上方布料也還沒進行摺邊縫整。

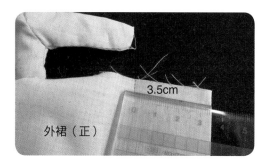

10 用水性筆在外裙兩側 3.5cm 處標註。

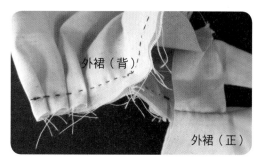

11 標註範圍內用大頭針固定皺褶後縫合，縫皺褶部分需特別留意是否縫緊，完成後再把外裙上方皺褶縫於上衣的側線。

背面縫合

皺褶縫合

外裙（背）

12 上圖為外裙與上衣外層縫合後的背面
樣貌，可看到上衣外層的腰部跟外裙
相縫合，以及上衣側線與皺褶外裙相
縫合。

前衣身

外裙（正）

13 上圖為上衣外層與外裙縫合後翻至正
面的樣貌，再把外裙背後的中間縫起
來。

Tip 外裙背後的中間線從底端往上縫至 11cm 左
右，預留開口位置可方便穿脫。

後衣身

外裙（正）

14 外裙後衣身中間縫製完成的模樣，可
看到上衣背面跟外裙上方預留的開口
位置。

上衣內裡
（背）

外裙（正）

15 在上衣與外裙縫合的上衣外層，黏上
上衣內裡。

上衣內裡
（背）

16 把上衣的內裡、外層相縫，這時需仔
細縫合背面的開口與頸部縫線。

上衣內裡
（背）

17 彎曲處用剪刀剪出牙口，翻面後才能
有俐落的形狀。

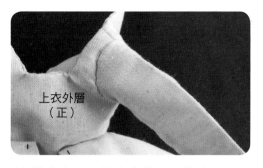

18 將上衣內裡往內翻整，調整出合適形狀。

19 為了整理上衣內裡跟腰部的皺褶，翻面後內裡朝外，用毛邊縫或藏針縫整理皺褶摺邊。

20 上衣內裡背後的腰線摺邊也用毛邊縫或藏針縫整理縫製。

21 連接袖子的部分需依照袖口摺邊用毛邊縫整理。

22 外裙的正面開口跟背面中間的連結部分已縫製完成，下襬部分也需內摺0.5cm 以回針縫或平針縫整理。

23 上圖為外裙完成的樣子，可看到裙子中間的開口部分為 0.8cm 左右。

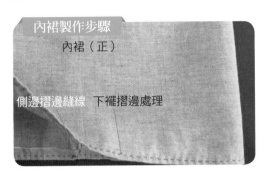

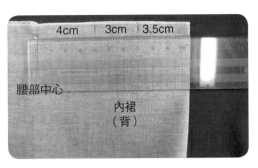

01 為了讓裁切後的內裙布料形成圓柱形，將側邊縫合，此連接線為內裙背面的中間線，下襬往上摺 0.5cm 後以回針縫或平針縫縫合。

02 以內裙正面中心（紅點）為準，用水性筆左右各標出 4cm、3cm 及 3.5cm 的位置。

03 兩邊 3.5cm 處各用皺褶平針縫做出皺褶，虛線的 3cm 部分則以平針縫或回針縫固定，中心紅點部分周圍不縫。

04 將不縫部分的布料往內摺約 1cm 後，預留放入鬆緊線的 0.5cm 寬度以平針縫固定，這時紅圈部分不縫合，方便之後再放入鬆緊線。

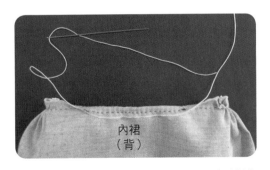

05 用粗針或髮夾把鬆緊線放入腰部縫邊內。

06 把穿過內裙正面腰部的鬆緊線也穿過腰部背面的縫邊。

07 拉緊鬆緊線調整並確認方便穿脫的寬
度後進行固定。

08 此圖為腰部加入鬆緊線後的內裙正
面。

09 完成外裙裡面放入內裙的呈現圖。上
衣正面放置兩片裁切好的三角型胸衣
布料，縫製固定後用熨斗整燙，並在
正面用蕾絲、蝴蝶結及珠子等進行裝
飾。

洛可可帽製作過程

01 用外裙剩餘的布料裁出一個直徑 7cm
的圓形，中央放置 4.8cm 的圓形厚紙
板（洛可可帽緣）。

02 保留 0.3cm 摺邊後，用平針縫縫合，
將線拉緊包覆圓形紙板後打結。

03 用相同布料裁出直徑 6cm 的圓形，
並在中央放置直徑 3cm 的海綿球（洛
可可帽頂）。

04 摺邊後用平針縫縫合，將線拉緊包覆
　　海綿球。

05 用熱熔膠將有摺邊的帽緣與帽頂相
　　黏，此時需用手指施力幫助黏著。

06 將小型髮夾縫在帽子底部，先固定較
　　寬的那一邊。

07 最後固定髮夾較尖的部分。

以上是適用於所有玩偶的簡單髮夾。
各位不妨用能搭配洛可洋裝跟帽子的飾品（蝴蝶結、珠子、小花及羽毛等）加以裝飾。

19 世紀維多利亞風格中最具代表的是用裙撐來誇大突顯臀部線條的服裝，以下就用可愛的娃娃重現當時服裝特色吧！

／適用娃娃／

Kukuclara、jjorori、Blythe、ruruko、Dorandoran等 1/6 娃娃

／製作材料／
- 外套用布料 40cm×45cm
- 外裙用布料 40cm×40cm
- 底裙用布料 45cm×20cm
- 外套邊飾品及袖子裝飾蕾絲 70cm
- 帽子裝飾蕾絲 25cm
- 內裙下襬裝飾蕾絲 60cm
- 與布料相襯的蝴蝶結、珠子、小花、羽毛等裝飾飾品些許
- 暗鈕 2 ～ 3 顆（對齊外套、底裙用）
- 布用雙面膠 9cm×15cm

how to Make

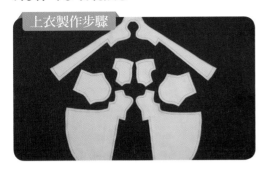

01 上衣正面左右對稱一對、背面左右對
稱一對、袖子兩片、領邊一片,摺邊
各多預留 0.5cm 後剪下,均勻塗上防
綻液並等待乾燥。

02 先將上衣背面的中心線縫合後,再縫
合左右的肩膀,依照版型上的皺褶標
線縫出曲線,確認好袖口長度後把上
衣跟袖子縫合。

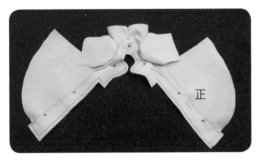

03 把裁剪好的領邊準確地放在上衣外層
上,並用大頭針固定。

04 用大頭針固定的領邊,照圖上的虛線
用平針縫或回針縫固定,遇到彎曲或
是有角度的摺線時,請剪牙口。

05 將領邊往內翻後整理好形狀並用熨斗
整燙,領子的部分需注意要左右對
稱,用熨斗仔細調整。

06 把上衣翻至背面,確認好袖口摺邊位
置後,如紅色虛線所示從袖口縫至側
腰線位置,另一邊也相同,腋下直角
部分可剪一刀方便縫合。

07 將所有版型縫合並處理好外套領邊背面雛形。

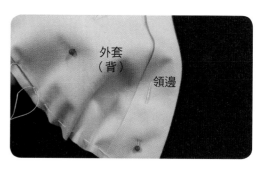

08 從版型標示的外套前衣襟曲線部分開始縫，領邊的部分也記得要縫出皺褶。

09 拉緊皺褶的縫線，打結後完成，剩下另一邊的衣襟也以相同的方式進行。

10 將上衣衣襟皺褶部分的底部牢牢相縫。

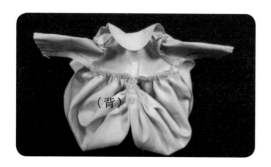

11 上衣衣襟上端也縫出皺褶，並用回針縫固定於腰部底端（版型的上衣長度約 7cm），這時再將步驟 10 縫好的皺褶部分固定於腰部中央縫線位置。

上衣完成。

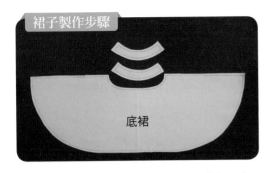

底裙

01 畫出底裙版型一張、腰部腰帶版型兩張（正面、背面）的摺邊後裁切並均勻塗上防綻液等待乾燥（ruruko 跟 Blythe 身型較長，可將底裙長度加長約 1.5cm 後裁下）。

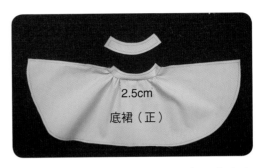

2.5cm

底裙（正）

02 把腰帶與底裙縫合，這時底裙中央寬 2.5cm 處不摺皺褶，左右各整理出固定皺褶後跟腰帶縫合。洋裝底裙的裙撐為了顯示蓬度，背面皺褶要比正面來的多。

腰帶（背）

03 在底裙與腰帶縫合後的表面加上腰帶內裡，縫製兩邊側線與腰帶上方。

腰帶內裡（正）

底裙（背）

04 直角或彎曲的摺邊可用剪刀處理後翻面，固定好形狀後熨燙。

腰帶內裡（正）

底裙（背）

05 用毛邊縫將腰帶內裡底端的針腳包覆，讓底裙的腰部布料能貼合。

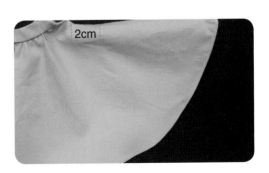

2cm

06 進行底裙背面的中央縫合，對齊腰帶後往下 2cm 為開口，用平針縫和回針縫將開口下方與裙底摺邊縫整。

07 上圖為保留裙子背面開口的底裙，腰帶對齊處縫上暗釦。

在裙襬加上蕾絲裝飾的底裙，完成。

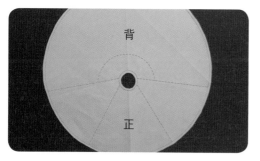

08 外裙照著版型裁下後用筆標示出需要皺褶的地方，在邊緣塗上防綻液等待乾燥，最後摺起圓形摺邊後用平針縫或回針縫處理裙邊。

09 正面部分照標示用平針縫後拉緊線，打結固定皺褶。

10 側邊部分也照標示用平針縫後拉緊線，打結固定皺褶。

11 將側邊皺褶與背面的曲線相連。

12 曲線部分照標示用平針縫後拉緊，製
造出 3cm 寬的皺褶後打結固定。

13 將外裙疊上製作好底裙的腰帶後，如
版型上所標示的點（紅點）進行縫合
固定兩者。

將外裙放在底裙上。

穿上有外、底裙的娃娃。

帽子‧手提包製作步驟

01 利用製作洋裝所剩下的布料製作帽子
與手提包，將布料的一邊放上布用雙
面膠，最少寬 9cm、長 15cm，雙面
膠的黏著部分朝上放置。

02 把布料摺在布用雙面膠上。

03 將布料燙平整,這時布用雙面膠的黏著劑會因熱而黏附在布料上,需仔細燙勻。

黏著劑表面

紙

04 等待熨斗熱氣完全消退後將保護布用雙面膠黏著面的紙張撕下,這樣就可以看到布料上有一層光亮的膠面。

以布用雙面膠黏貼
上下布料的成果

05 再次將布料放上黏著面整燙。

Tip 用布用雙面膠兩面黏著布料,不僅可固定布料,也能增加布料厚度防止脫線。

06 準備長 30cm 左右的蕾絲,在蕾絲邊以平針縫,稍微拉緊縫線並整理出漂亮的花朵皺褶後打結固定。

07 黏有布用雙面膠的布料裁剪成帽子形狀,以熱熔膠將蕾絲固定在中間(帽子的上方)。

Tip 用蕾絲表現帽頂後可依照喜好增加蝴蝶結、珠子、各種蕾絲及小花等,也可以加上帽子綁繩。

08 帽子內部可用熱熔膠或布料膠水固定蕾絲且盡量讓蕾絲邊露出帽緣。

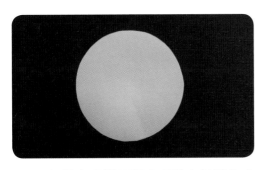

09 用經過布用雙面膠處理的布料製作手提包，裁出一個直徑 7cm 的圓形。

10 以 0.3cm 摺邊為基準，用平針縫縫一圈並稍微拉緊繩子，這時先不固定。

11 將適量棉花塞入中央填滿。

12 填滿包包後將縫線拉緊，調整好形狀後打結固定。

可利用裝飾過服裝與帽子的各種蕾絲、小花等裝飾在手提包上或是加上手提背帶。背帶可用細緞帶、棉線或穿滿珠子的線來搭配，創造出自己的特殊設計和概念。

婚紗上衣（也可用罩衫來作變化）

　　此婚紗為兩件式，上身為可以單獨使用的罩衫，更換其他顏色或設計搭配不同的裙子來作造型。除此之外若在布料上增加蕾絲，可變換成女性華麗氛圍的高貴上衣。

／適用娃娃／

Kukuclara、jjorori、Blythe、ruruko、Dorandoran 等 1/6 娃娃

／製作材料／

· 婚紗布料 20cm×20cm
· 蕾絲紗質布料 20cm×20cm
· 裝飾衣領、罩衫下襬的珍珠珠子、暗釦 2 顆

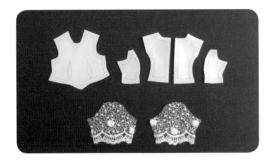

01 用婚紗布料製作上衣，正面一張、背面照著版型準備左右對稱各一對、袖子用蕾絲布料保留摺邊後剪下，把所有的版型邊緣都塗上防綻液後等待乾燥。

02 將版型正面放在蕾絲布料正面下方，用大頭針固定，把其他版型也都各自固定在蕾絲布料下面，除了袖子以外。

03 用平針縫將蕾絲布料和版型固定，把所有的版型都縫製一遍，袖子除外。蕾絲布料正面跟版型固定好後，再縫出暗針皺褶處。

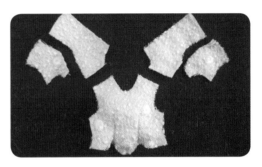

04 剪下縫製好的各版型後，再次用防綻液加強蕾絲布料的邊緣，等待乾燥。

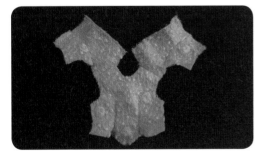

05 連接上衣正面與背面肩線布料，並將左右兩邊的袖口至腰線縫合後，再翻回上衣正面。

06 衣領的曲線部分可用剪刀剪出牙口後把摺邊往內整理縫合，背後加兩顆暗釦以便對齊。

正面加上珍珠裝飾，完成。

背面完成。

婚紗裙的製作方式與兩件式女帽 set 的裙子製作方法相同，請各位參考該製作原理後做出自
己喜歡的設計並搭配出不同的蕾絲造型。

ruruko™©PetWORKs co.,Ltd.

兩件式女帽 s e t

19 世紀末西方國家常出現的長裙與外套造型。若在裙內加上襯裙，則可展現出較硬挺的裙襬輪廓。

／適用娃娃／

Kukuclara、jjorori、Blythe、ruruko、Dorandoran 等 1/6 娃娃

／製作材料／

- 長裙、外套、女帽用布料
  110cm×20cm
- 女帽綁帶用緞帶約 35cm
- 裝飾外套與袖口的蕾絲 35cm
- 裝飾長裙下襬的蕾絲 40cm
- 裝飾用蝴蝶結與珠子
- 暗鈕 3 顆（外套 2 顆、長裙 1 顆）

how to Make

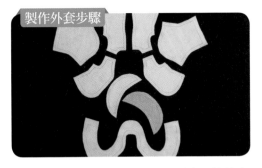

01 準備外套後片左右對稱一對、前片左
右對稱一對、袖子兩片、領子正面、
內裡兩片、外套領邊一片,保留摺邊
後剪下,塗抹防綻液後等待乾燥。

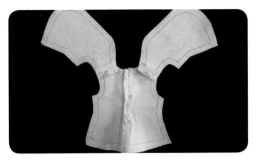

02 先縫合外套後片中心線後,縫上正面
的肩膀布料。

03 外套正面與領子正面相對後將領子縫
合,建議先從領子的中間縫固定,這
樣才能縫出對稱的領子。

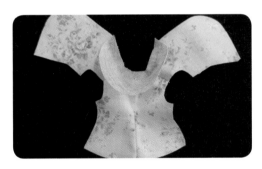

04 將外套與領子正面縫合。

05 領邊正面跟領子內裡正面相對後縫
合,跟外套與領子縫合時一樣,建議
先從各版型的中間縫合固定,領子才
能對稱。

06 完成領子正面縫合的外套正面,以及
領子內裡縫合的領邊。

07 把外套領子縫合的摺邊往外套內部摺
   並整燙，領邊的領子摺邊也往領子內
   摺後並整燙。

08 將外套的袖子縫上，這時袖口皺褶部
   分請參考版型標示，讓皺褶長度與袖
   口長度相同。完成袖子後，將開口摺
   邊縫整後用短蕾絲裝飾。

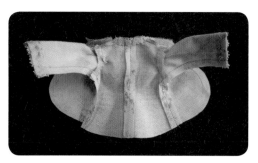

09 腋下摺邊用剪刀剪出牙口，將背面往
   外翻，處理袖子與外套的側線。

10 再次將外套翻至正面，用熨斗固定形
   狀。

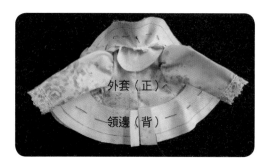

外套（正）
領邊（背）

11 將縫合領子內裡的領邊正面與外套正
   面相對，並用縫線或大頭針固定。

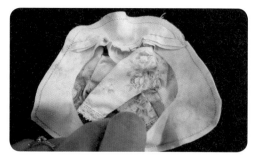

12 把外套與領邊周圍的摺線用平針縫固
   定，縫合背部中央線位置的領邊尾端
   用線縫後再縫合摺邊。

13 將領邊翻至外套內側後整理衣角並燙整，需對齊的部分可用暗釦輔助，外套表面用珠子或蝴蝶結等飾品裝飾，用蕾絲裝飾外套可營造出高貴的質感。

01 包含摺邊需裁剪長 40cm、寬 12cm 的長裙布料，腰帶為正面、內裡各一張，保留 0.5cm 的摺線後剪下，用防綻液塗抹各版型後等待乾燥。

02 以平針縫縫出裙子上方的皺褶，皺褶寬度需與腰帶長度相同（版型上的長度約為 11cm），腰帶與裙子上方外層相對後，用平針縫或回針縫處理。

03 腰帶與皺褶裙襬完成，這時摺線往腰帶方向內摺。

04 讓裙子已縫合的腰帶正面與腰帶內裡的正面相對後用大頭針固定，用平針縫將腰帶上端及兩邊側線縫起來，腰帶下方不縫。若遇彎曲或直角摺邊可先用剪刀剪出牙口後翻面。

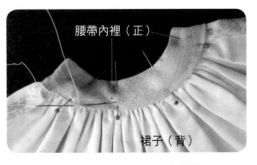

05 細心地處理腰帶內裡下方的摺線，用毛邊縫不讓針腳露出。

背　　　腰帶（正）

裙子（正）

06 上圖為腰帶正面與內裡及裙子縫合完
　　成圖。裙子背面中心線對齊後，從腰
　　帶下 2cm 處開始縫合，該開口作為
　　娃娃穿脫衣服之用，將裙襬下緣摺線
　　進行平針縫或回針縫處理。

07 裙子下襬加上蕾絲裝飾，腰帶部分則
　　縫上暗釦。

裙子正面。

裙子背部。

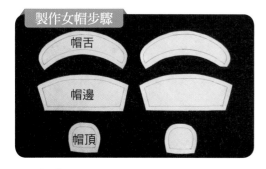

製作女帽步驟

帽舌

帽邊

帽頂

01 準備三種女帽版型，正面、內裡各一
　　張，預留摺邊後剪下並塗上防綻液後
　　等待乾燥。

02 將對稱的兩張各自重疊後，保留翻
　　口，其餘部分用平針縫縫整，曲線或
　　直角部分可用剪刀剪出牙口，翻口翻
　　面後整燙，這時版型所標示的翻口可
　　先不縫合。

03 將帽舌、帽邊、帽頂對齊後,用藏針
　縫依序組合起來,即完成帽子形狀,
　也可以添加蕾絲、蝴蝶結或珠子等裝
　飾出喜愛的帽子造型。

組合完成後加上綁帶和蝴蝶結的帽子。

本書中收錄的其他女帽製作方法也都相同,請參考本篇。

法式洋裝與髮帶

為 19 世紀時女性們主要常穿的洋裝，設計特色在於將腰部線條拉至臀部位置，混合了 A 字裙的性感和 H 字裙的舒適，加入華麗的蕾絲和蝴蝶結等裝飾更能表現俏麗的少女樣貌，是能感受 200 年前女性風格的復古服裝。

／適用娃娃／

Kukuclara、jjorori、Blythe、ruruko、Dorandoran等 1/6 娃娃

／製作材料／

· 洋裝、女帽用布料 110cm×22cm
· 洋裝正面裝飾用蕾絲 12cm
· 洋裝袖子裝飾用蕾絲 12cm
· 洋裝下襬荷葉邊裝飾用蕾絲 55cm
· 帽舌裝飾用蕾絲 20cm

· 裝飾上身與裙子相連部分的蕾絲 22cm（可依照設計使用兩種以上的飾邊裝飾用蕾絲）
· 其他裝飾用蝴蝶結、珠子、小花
· 暗釦 2 ～ 3 顆

製作法式洋裝步驟

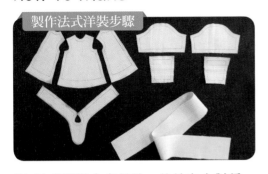

01 法式洋裝上身前片、後片左右對稱一對、蓬蓬袖兩片、有細摺的衣袖兩片（無細摺也沒關係）、上衣領邊、裙襬長 50cm×寬 6cm 一片，保留摺邊後裁下，用防綻液塗抹周圍後等待乾燥。

02 將洋裝上身縫合肩線，蓬蓬袖末端縫出皺褶，長度需與袖子頂端相同。裙子下襬布料依洋裝上身底部寬度，製造出差不多寬度的裙子皺褶（可為隨意縫製的皺褶或是有固定間隔的百摺裙皺褶）。

03 將蓬蓬袖底端與袖子縫合。

04 將摺邊往袖子翻並縫製固定。

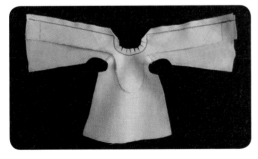

05 洋裝上身與領邊正面相對後縫製，頸部彎曲摺線及直角處可用剪刀進行處理。

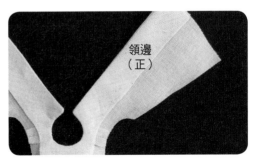

領邊
（正）

06 將領邊翻至洋裝上身內側並調整形狀。

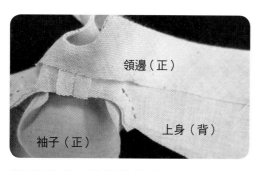

07 最簡單可讓蓬蓬袖與上身縫合的方法，就是先將沒有皺褶的部分先固定。

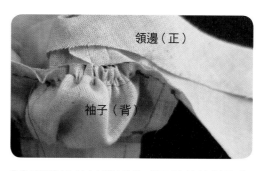

08 蓬蓬袖的皺褶部分以平針縫後拉緊製造自然皺褶，調整適合的寬度，再將上身正面與蓬蓬袖皺褶正面相對後用回針縫固定。

09 將上身與兩邊袖子縫合。

10 把上身內部往外翻，固定袖子和上身的側線，腋下部分可先用剪刀剪出牙口再縫合。

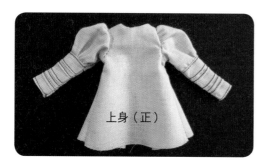

11 翻至正面後整理未處理的摺邊並整燙。

12 把準備好的皺褶裙跟上身底端相縫。與上身正面縫合即可，不需要縫合領邊。

13 裙子僅與上身底端縫合，並沒領邊的
　　樣子。

14 將領邊末端摺邊往內摺至上身內，再
　　用毛邊縫收尾。與上身縫合的裙子背
　　面中央可用藏針縫處理或當作後開式
　　服裝來使用。

15 可依照喜好加上皺褶裙或裝飾用蕾
　　絲。若想要用額外飾品裝飾，建議於
　　洋裝上身正面剪下後先裝飾，再與背
　　面縫合，這樣跟其他版型縫合時會比
　　較清爽俐落，背部可用 2 ～ 3 顆暗釦
　　固定。

how to Make

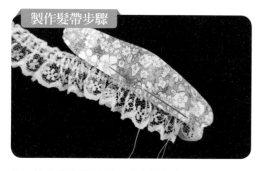

製作髮帶步驟

01 依照版型不需預留摺邊直接裁剪，把蕾絲縫製於外圈。

Tip 髮帶需用布用雙面膠製作成正面及內裡兩層，布用雙面膠的使用方法請參考裙撐洋裝裡的帽子作法。

02 外圈裝飾上蕾絲。

03 用熱熔膠黏上其他蕾絲飾品，裝飾表面。

04 兩邊縫上蝴蝶結，讓它也能成為綁帶綁在下巴，再用珠子或串珠等裝飾髮帶。

幫上身縫上衣領

01 正面與背面縫合的上身。

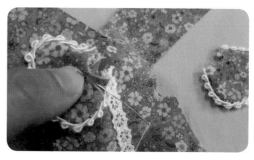

02 正、背面縫合後的上身翻面整燙，縫上左右兩邊的領子。將領子正面疊放在上衣正面後縫合。

03 縫上兩邊領子並處理好摺邊。

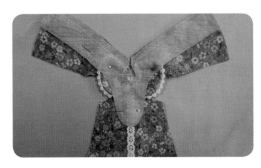

04 把領邊對齊放置在縫好領子的上身後，用大頭針暫時固定並照著完成線縫製。領邊的正面與上衣的正面為相對。

05 用剪刀將脖子曲線摺邊及直角剪出牙口。

06 將內裡翻往上身後調整形狀並整燙。

07 上圖為處理好領邊、拉整領子後的完成圖。可先裝上領子後再依序進行之後的步驟。

高腰洋裝

19世紀時的流行服裝，主要特色為強調腰部的高腰洋裝。

／適用娃娃／

Kukuclara、jjorori、Blythe、ruruko、Dorandoran 等 1/6 娃娃

／製作材料／

· 洋裝用布料 40cm×20cm（上身外層、蓬蓬袖、裙片）
· 洋裝內裡用布料 20cm×15cm（上身內裡、袖子、領子）
· 裝飾用蕾絲、珠子
· 暗鈕 2 顆

how to Make

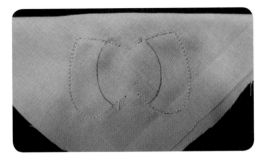

01 利用內裡布料的一角,以斜向對摺的方式畫出對稱的領子版型,在內側保留翻口後並縫合(用內裡布料畫出上衣正、背面版型並保留周邊 0.5cm 摺邊後剪下)。

02 保留摺邊後剪下的頸圍從翻口翻面,調整好形狀後並整燙。

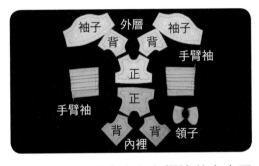

03 用洋裝布料畫出保留摺邊的上衣正面、背面、蓬蓬袖後剪下;再用內裡布料畫出保留摺邊的上衣正面、背面後剪下,有皺褶的手臂袖也保留摺邊後剪下,也準備一對領子。

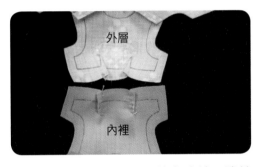

04 在外層、內裡的正面縫上暗針,讓外層暗針摺邊往內,內裡暗針摺邊往外後縫合兩者的肩線。

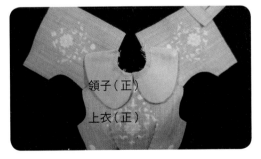

05 把製作好的領子放在上衣正面的頸圍上並左右對稱,在摺邊外圍進行簡單的縫合固定。

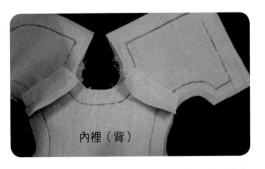

06 在縫好領子的上衣外層疊上內裡朝上的版型,也就是上衣外層與內裡外層相對的意思。

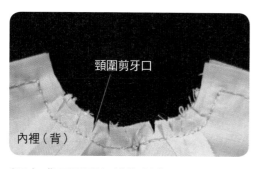

頸圍剪牙口

內裡（背）

07 把背面跟頸部線條對齊後縫合，頸部曲線或直角摺邊剪開。

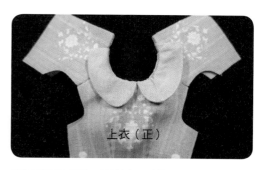

上衣（正）

08 翻至正面，調整好形狀後並整燙。

09 蓬蓬袖和手臂袖縫合後，再縫在上衣左右兩側（縫合方法請參考法式洋裝的袖子製作方式）。

10 縫好袖子側線與腰部側線後，在腋下位置剪一刀，另一邊也以相同的方式處理。

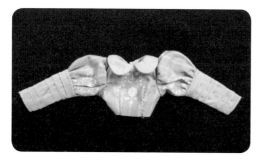

11 把縫上袖子的上衣翻至正面。

12 包含摺邊後剪下長 40cm、寬 12cm的裙子布料，左右縫入摺邊後將上方縫出皺褶，皺褶寬度需與上衣的腰圍長度相同，最後把上衣正面與裙子正面縫合。

13 縫合裙子背部的中心線，在腰部以下
   留 2cm 的開口可方便穿脫，將裙襬
   下方的摺邊縫製平整，上衣背面可縫
   上暗釦。裙襬下方也可以加上蕾絲、
   領子加上珠子、繡花裝飾或腰部中間
   加上蝴蝶結等提高作品的完成度。

連帽式斗篷

為了防寒而在洋裝外多穿一件的連帽長袍，是歐洲風格的經典服飾。

／適用娃娃／

Kukuclara、jjorori、Blythe、ruruko、Dorandoran 等 1/6 娃娃

／製作材料／
· 斗篷用布料 45cm×20cm
· 斗篷用內裡布料 45cm×20cm
· 暗釦 2 顆
· 裝飾用蕾絲 12cm
· 裝飾用蝴蝶結

how to Make

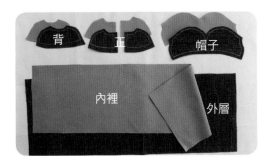

01 斗篷肩膀部分正面、背面（外層、內裡），帽子的外層和內裡保留摺邊後裁下。斗篷下襬包含摺邊準備外層（長 40cm、寬 14cm）與內裡（長 40cm、寬 12cm）各一片（身型較嬌小的娃娃衣長可以減少 1.5cm）。

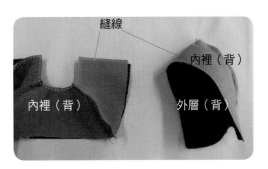

02 將肩膀部分外層的正、背面，內裡的正、背面，各以表層相對的方式重疊縫製，把帽子的版型中間對摺後，也是外層和內裡的正面相對後縫製，並縫出帽子後方的中心線。虛線標示出的頸圍和對稱邊緣以及帽子的角都需要仔細地縫。

03 將斗篷肩膀版型跟帽子翻面，整理形狀。把帽子的頸圍摺邊往內收，用藏針縫縫整。

04 把斗篷下襬外層正面和內裡正面相對，縫合摺邊後攤平整燙，須將摺邊往內裡方向燙。

05 縫合後的斗篷下襬將外層的正面和內裡的正面相對後對摺，對齊長度後將左右兩側縫合。

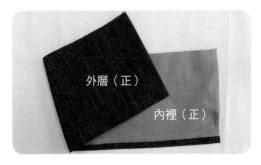

06 翻面後整燙，可看到下襬的重點是外層比內裡更長。

07 將縫上內裡的斗篷下襬橫向攤平,從左右兩邊的頂點開始找出寬 4cm、長 3cm 的點後剪出 2cm 左右的縱向開口,在外層跟內裡剪出開口的位置並塗上防綻液防止開線後等待乾燥。

08 以毛邊縫或鈕釦縫法將手可伸出去的假口袋開口處,縫出整齊的縫線。

09 把斗篷上方縫出皺褶,長度需與肩膀版型的底部相同。

10 將斗篷肩膀外層和斗篷上方的皺褶外層縫合,將摺邊往肩膀方向。

11 斗篷肩膀內裡的下方摺邊往裡收,用毛邊縫或藏針縫縫整齊,需注意不要讓針腳露出。

12 以藏針縫的方式將製作好的帽子跟斗篷縫合,先將帽子背面的中心縫線與斗篷背面的中心縫線對齊後固定,就可縫出左右對稱的作品。

13 內裡用藏針縫整理,正面內側縫上兩顆暗釦方便對齊。

14 可用珠子裝飾暗釦的位置,或用蕾絲、珠子及蝴蝶結等裝飾假口袋後完成作品。

可增加服裝造型的 **襯裙**

穿著較寬的裙子或是長裙時可用襯裙增加下身的蓬鬆感，對娃娃們來說襯裙的點綴更可讓洋裝看起來俏麗可愛。

／適用娃娃／

Kukuclara、jjorori、Blythe、ruruko、Dorandoran 等 1/6 娃娃

／製作材料／
· 棉質布料 30cm×8cm
· 硬挺的網狀布料 60cm×8cm
· 裝飾下襬用的荷葉邊蕾絲 60cm（長度需與網狀布料相同）
· 裝飾襯裙用蝴蝶結與珍珠
· 腰部鬆緊線（或鬆緊帶）

how to Make

01 準備棉質布料與硬挺的網狀布料，攤平後燙平整，網狀布料用蒸氣整燙就好。

Tip 用蒸氣熨燙網狀布料可撫平摺痕，高溫的熨斗直接接觸網狀布料時布料可能會融化，需多加小心。

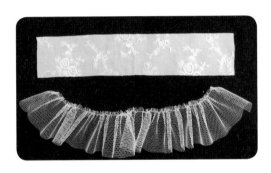

02 剪下長 25cm、寬 3cm 大小的棉質布料，上方摺邊多留 1cm，其他左右和下方的摺邊則留 0.5cm。網狀布料包含摺邊為長 60cm、寬 5～6cm 後剪下，用平針縫將上方縫出皺褶，寬度要與棉質布料的長度相同，調整好寬度後打結固定。

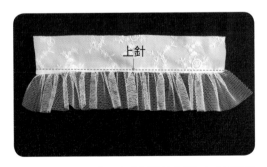

03 將棉質布料跟有皺褶的網狀布料摺邊相對後縫合，邊縫邊調整皺褶，以平針縫或回針縫縫在棉質布料上。

04 棉質布料上方往內摺 1cm 的摺邊。

05 在 0.5cm 處縫整，這部分為放入鬆緊線的空間。

06 用粗針穿雙層鬆緊線後打結，放入鬆緊線前先在開口處縫一針，這樣可讓鬆緊線不容易鬆開。

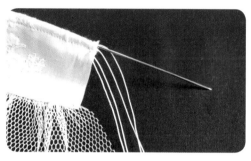

07 用粗針將鬆緊線慢慢穿入剛才縫好的空間中。

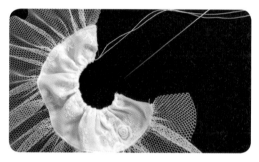

08 等線完全通過後拉緊鬆緊線，調整成娃娃身體可通過的寬度，在最後的開口處縫一針後打結固定並把多餘的線剪掉。

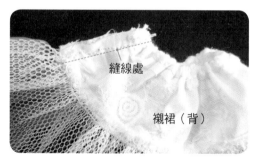

09 把襯裙的外層相對，縫合側邊做出裙子形狀。

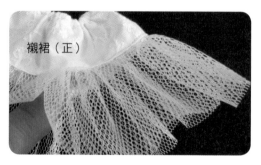

10 將襯裙翻至正面後並整理側邊的皺褶。

11 下襬加上蕾絲以及在網狀布料上裝飾
　蝴蝶結或珠子,完成。

Tip 網狀布料下襬的裝飾蕾絲,可在裁切布料
　　後就先縫上,可更方便後續製作。

點綴洛可可洋裝的**口袋式斗篷**

為 18 世紀時穿在洛可可風洋裝裡的法國禮服裡，一種可增加左右兩邊裙襬蓬度的內在穿著，更是不易變型的獨特堅固服飾配件，請各位仔細的製作可讓洛可可洋裝兩側裙襬增加蓬鬆感的口袋式斗篷。

／適用娃娃／

Kukuclara、jjorori、Blythe、ruruko、Dorandoran 等 1/6 娃娃

／製作材料／

· 棉質布料 40cm×30cm
· 固定腰部用的細緞帶寬 0.2cm 或細綿線 25cm
· 裝飾用蝴蝶結與珍珠
· 束線帶 6 條

how to Make

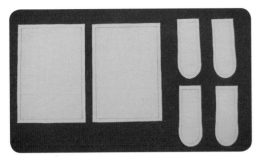

01 把版型放在布料上描繪後，多留
0.5cm 摺邊後剪下（口袋式斗篷四方
型版型兩片、底部與側邊版型四片）。

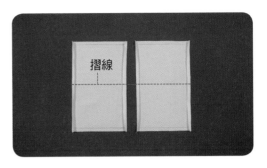

02 將四方型版型兩側摺邊摺起後，位於
1/2 處上下對摺。

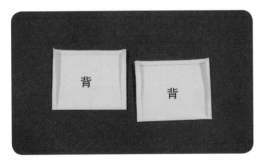

03 摺的時候需把摺線往外露出。

04 將摺邊兩層疊在一起縫合，另一個也
用相同方式處理，翻面後並整燙。

05 把摺邊位置移至下方後，拿可擦式的
水性筆畫出版型上標示的線條，最上
面的實線為腰部位置。

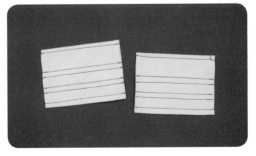

06 兩片都畫好線條後，用線縫出線條，
只縫合橫向線條，保留側邊開口。

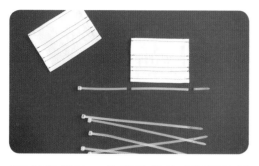

07 將準備的 6 條束線帶剪成版型的長
度,長度可短約 0.3cm。

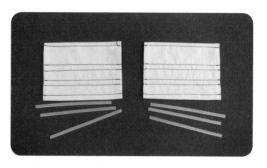

08 剪好的 6 條束線帶,一邊各使用 3
條。

09 空出最上面,將 3 條束線帶放入底下
三個空間,放入後將兩側開口縫合,
最上方預計放入腰部的綁繩,兩側開
口先不縫。

10 將剛才剪下的底部與側邊版型四片,
分別組合成一對,保留翻口後縫合,
直角或彎曲部分剪出牙口,翻面後縫
合翻口並整燙,簡單標示出曲線的中
心位置。

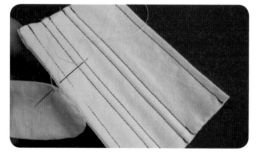

11 把裝好束線帶的布料中央與剛才標示
的曲線中心對齊後,以藏針縫縫合,
先從中間往兩邊縫,可縫出平均的作
品。

12 完成兩個口袋式斗篷的樣子,最上面
的空間是放入腰部綁繩的地方。

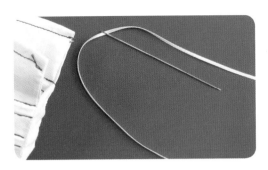

13 準備長 25cm 的緞帶或棉線,用粗針
　 穿入最上方的通道。

Tip 可用小別針或髮夾代替粗針,使用粗針時
　　先放入針眼。

14 線穿過一個口袋後再穿另一個口袋,
　 利用這相連的繩子把斗篷綁在腰部即
　 可。

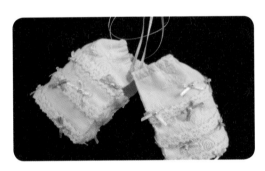

15 依照喜好可增加蕾絲或蝴蝶結、珠子
　 等裝飾,表現出華麗高貴的感覺。

凸顯臀部線條的 **臀圍撐墊**

臀圍撐墊原本是 17 世紀巴洛克時代前後，讓裙子從腰部開始就變寬的棉質內衣。動手做做看可讓娃娃們從腰部開始就有優雅圓潤感的撐墊吧！

／適用娃娃／

Kukuclara、jjorori、Blythe、ruruko、Dorandoran 等 1/6 娃娃

／製作材料／
- 棉質布料 24cm×10cm
- 寬 0.2cm 的細緞帶 45cm（或細綿線）
- 棉花

how to Make

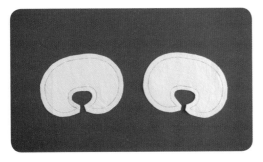

01 在布料上畫出兩張相同的撐墊版型，
　　多留 0.5cm 摺邊後剪下。

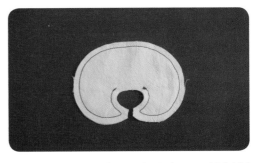

02 將兩個版型重疊後保留翻口，縫製框
　　線，遇到直角或彎曲的部位可剪出牙
　　口後翻面。

03 用鉗子等工具把棉花塞入翻口。

Tip 不是把棉花塞成硬梆梆，而是捏起來有彈
　　性觸感即可。

04 用藏針縫或毛邊縫把翻口縫合。

05 在撐墊兩側的尖端部位縫上長 15 ～
　　20cm 緞帶。

06 最後用蕾絲、蝴蝶結及珠子裝飾完
　　成，將撐墊放在腰臀間並把緞帶固定
　　在腹部。

蕾絲內在

製作蕾絲內在其實相當簡單，所以沒有版型也可以直接製作，布料尺寸相關資訊請參考下一頁內容。

／適用娃娃／

Kukuclara、jjorori、Blythe、ruruko、Dorandoran 等 1/6 娃娃

／製作材料／
‧ 寬 3 ～ 4cm 左右的彈性蕾絲適量

how to Make

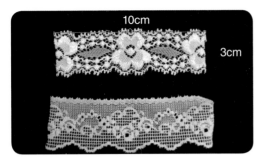

01 準備多種寬 3cm 的彈性蕾絲。

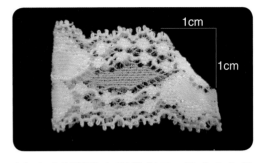

02 左右對摺後如照片所示，將右上角剪
掉部分，剪掉的蕾絲大小為長寬各
1cm 的斜線。

03 剪掉斜線後並攤平。

04 如照片所示，將左右兩端重疊後，縫
合紅色線的位置，縫合位置為內褲後
面的中心線。

內褲後面的
中心縫合線

05 將中心線放置在中間，在中心線重疊
的蕾絲底端往上 0.5cm 處，用毛邊縫
縫合。

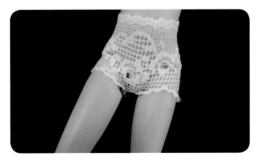

06 縫製好後讓娃娃試穿，彈性蕾絲有伸
縮性，可方便穿脫。

Tip 可在內褲正面中心處縫上小蝴蝶結或珠子
來裝飾，會更有質感。

膝上襪也被稱為及膝襪（knee socks），是指可穿到膝蓋以上的襪子。

／適用娃娃／

Kukuclara、jjorori、Blythe、ruruko、Dorandoran 等 1/6 娃娃

／製作材料／
- 襪子布料 15cm×12cm
- 襪緣的彈性蕾絲

how to Make

01 準備好襪子的布料以及彈性蕾絲。

02 把襪子布料上方摺 0.3cm 的摺邊後整齊縫合，用車縫在摺邊縫上蕾絲，縫製時需拉一下蕾絲，讓它有點內縮的感覺，再把布料對半剪下。

03 將兩塊布再對摺後，並在背面畫出腳型。

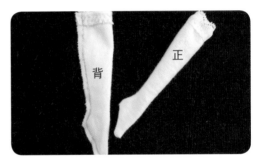

04 用平針縫或回針縫縫出線條後，利用鉗子等工具將襪子翻至正面。

05 給娃娃試穿，襪子上端可用蝴蝶結或珠子等飾品，裝飾成更有質感的漂亮膝上襪。

布料處理類型 1：摺起下襬後縫製，處理中間有摺邊的布料

01 將製作裙子的布料攤平。

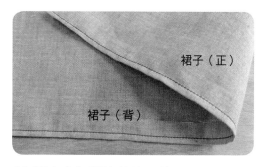

02 摺出底部摺邊後縫平整，照片中只摺一次摺邊，盡可能摺兩次，這樣不僅整齊又可防止布料開線。

03 將布料對半摺後縫合背面的中心摺邊。

04 將背面摺線展開後燙平。

05 先處理裙子底部摺邊後再縫製背面中心線的摺邊。

06 正面完成。

Tip 這處理方式常在裙子底端加上蕾絲裝飾時使用，但缺點是會露出背面中心的摺邊。

01 將製作裙子的布料攤平。

02 將布料對半摺後縫合背面的中心摺
　　邊。

03 將背面摺線展開後燙平。

04 摺出底部摺邊後縫平整，照片中只摺
　　一次摺邊，摺兩次不僅整齊又可防止
　　布料開線。

05 先縫背面中心摺邊後再處理底部摺
　　邊。

Tip 這樣的處理方法適合沒有蕾絲裝飾，或裙
　　子布料中間有蕾絲時使用，底部不會露出
　　有摺邊的樣子。

蕾絲布料處理類型 1：處理膠帶型蕾絲

01 將製作裙子的布料攤平。

02 把摺邊朝正面。

03 將裝飾的蕾絲縫在摺邊上，整齊地遮住摺邊，固定好裙襬下方的蕾絲。

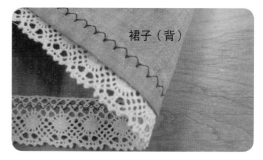

04 縫上蕾絲後的裙子背面。因摺邊是往外層摺，所以背面平整不會露出摺邊。

01 將摺邊往內凹摺，選擇裙襬尾端所使用的蕾絲後縫合固定。

02 以相當簡單的線條完成縫製，照片中刻意以不同顏色的線來表示縫線位置，實際使用時可選擇與蕾絲顏色相同的縫線。

03 先固定較接近直線的蕾絲底部線條後，再固定上方的複雜蕾絲。

Tip 若蕾絲線條為上下都複雜的類型，可先從蕾絲中間固定，再縫其他複雜的線條。

用蝴蝶結點綴

01 固定漂亮的蝴蝶結時，蝴蝶結中間要先打個結，確定好縫製位置後，從背面往外出針，通過蝴蝶結中心的結。

02 穿過珠子後再朝蝴蝶結往下穿針，若不縫珠子也是從裙子背面出針。

03 裙子背面出針後打結固定。

04 通過蝴蝶結固定的飾品維持的相當牢固，必要時也可更換珍珠或珠飾，讓成品更漂亮。

01 將裝飾蕾絲放在法式洋裝或有荷葉邊服裝的下襬。

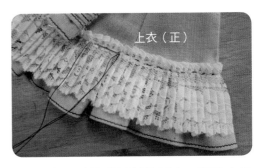

02 用半回針縫或平針縫固定，照片上的針腳為了讓各位理解而用不同顏色，實際使用時可選擇與蕾絲顏色相同的縫線。

03 上圖為蕾絲已固定，若覺得裝飾單調可再增加其他蕾絲。

04 為了增加立體感可用其他蕾絲裝飾，在原本裝飾好的蕾絲上疊加其他花樣的蕾絲後固定。

05 利用其他蕾絲疊加的方式增加豐富和高級的感覺，疊加縫製的布料不要同高，而是可高於原本的 0.2 ～ 0.3cm 表現出層次感。

Tip 通常蕾絲會有不同的顏色，最具代表的顏色是米白色或是米色，用相同色調裝飾雖然調合，但若用兩種色調來搭配的話，能給人豐富與復古的視覺效果。

01 用線穿縫製珠飾用的針（穿珠針），在想縫製的衣服上由裡往外固定珠飾。

02 依照設計，在想要的位置上以相同方式進行縫製。

03 讓縫上的珠子在衣服正面能牢牢固定。

04 照著蕾絲的花樣可在不同的位置，用不同的珠子裝飾，若有規則性的話則更有效果。

05 用珠飾裝飾需要注意的是珠子的規則性、位置的正確性以及線的緊度（彈力），注意這三點就能縫出一致的珠飾。

01 在想要的位置上用專用針（穿珠針）
　　來固定珠子。

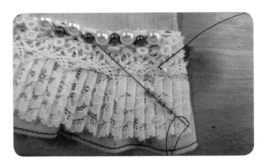

02 確認好數量的另一種珠子也一起放在
　　針上。

03 固定好位置後，將針往裙子背面穿透
　　後固定，這時不要把線拉得太緊，需
　　保留適當的空間。

04 從想要繼續的位置由背面往正面出針
　　後，穿上需要的珠子後針再次往背面
　　穿，以一定的規則性來調配珠子，每
　　隔一定的間距就固定珠子，用相同的
　　珠子來裝飾也沒關係，沒有非不同設
　　計的珠子才行。

05 用珠飾裝飾需要注意的是珠子的規則性、位置的正確性以及線的緊度（彈力），才能縫出
　　一致的珠飾。尤其是要特別注意同時穿好幾顆珠子後固定的動作，避免把線拉得太緊而導
　　致衣服表面凹凸不平。

用細褶點綴 用細褶點綴時，要考慮到細褶的數量與寬度等來裁切所需要的布料大小，最好能裁出充裕的布料來使用。

布料（正）

01 布料正面朝上，摺出想要的寬度後手縫或車縫製作（一條）。

布料（正）

02 間隔固定距離後，以相同的方式摺出等寬的細褶，手縫或是車縫製作，要留意線條需平整（二條）。

布料（正）

03 再間隔固定距離，以相同的方式重覆地固定摺邊。

布料（背）

04 縫好多條細褶的布料背面，照片上為四條細褶。

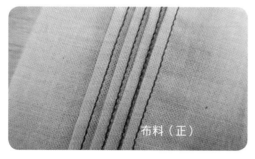
布料（正）

05 細褶都完成後將它們整燙成同一方向，要使用時再剪下。適合娃娃服裝的細褶間距為 0.1～0.2cm。

Tip 細褶可用在上衣正中心、袖子、裙褶線條等，視覺上給人細膩、高級、復古的感覺，用薄布料作成的細褶能增加衣服外型的輪廓，在細褶間縫上細蕾絲更能增添奢華感。

處理稜角皺褶 這裡將告訴各位如何俐落地處理娃娃衣服對齊部分（脖頸或外套正面）與領子線條摺邊。

兩片布料

01 準備好要處理直角摺邊的兩片版型。

布料（背）

02 將兩片重疊對齊後，縫出乾淨俐落的線條。

布料（背）

03 以完成線為基準，把一邊的摺邊往內摺並整燙。

布料（背）

04 另一邊也以完成線為基準往內摺後燙平，這時頂端部分共有八層布料重疊。

布料（正）

05 將布料翻面，由於八層布料重疊的地方比較厚，很容易就能成形，若是想讓形狀更精準，可用針尖稍微挑一下。

Tip 處理稜角摺邊的另一個方法是在翻面前先剪一刀斜線，但這有可能會很難表現出精準的直角摺邊，建議使用在用薄布料重疊製成的娃娃衣，會比較有效果。

處理暗釦　以下將介紹如何把暗釦運用在娃娃衣服對稱上，通常會使用直徑 0.5cm 的小暗釦，雖然也可用魔鬼氈，但魔鬼氈可能會黏住娃娃頭髮，所以建議使用暗釦。

01 暗釦分為凹型暗釦（凹陷鈕釦）和凸型暗釦（突出鈕釦），先決定凸型暗釦的位置，用毛邊縫將其中一個洞孔縫兩次固定。

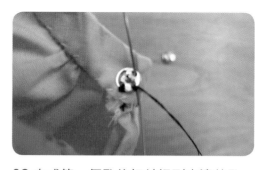

02 完成第一個孔後把針插到旁邊的孔，用毛邊縫將洞孔縫兩次固定。

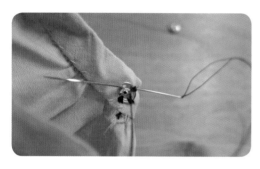

03 以同樣的方式將旁邊的孔用毛邊縫將洞孔縫兩次固定。

04 最後的孔也是以毛邊縫固定。

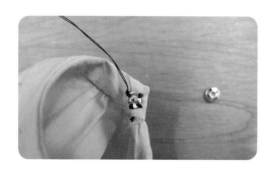

05 固定後打結，剪斷多餘的線。

06 再來固定凹型暗釦，確認好對稱的位置後，用毛邊縫將其中一個洞孔縫兩次固定。

 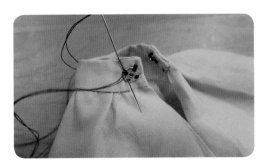

07 以相同的方式把旁邊洞孔用毛邊縫將
洞孔縫兩次固定。

08 第三個孔也是相同的毛邊縫縫兩次。

Tip 縫製暗釦時，先固定凸型暗釦，再固定凹
型暗釦，這樣能精確地對稱，建議可先用
凸型暗釦用力地在布上壓出將要縫凹型暗
釦的地方，可以提升縫製位置的精準度。

09 都固定好後打結，剪斷多餘的線。

製作裝飾用蝴蝶結　製作娃娃背後或需要裝飾處的蝴蝶結製作法。

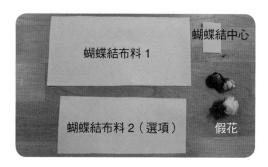

01 剪下蝴蝶結的四倍大布料製作,布料 2 可以用蝴蝶結重疊的方式表現,但若不需要也可以不準備,另外需準備包覆蝴蝶結中心的小塊布料與裝飾小花。

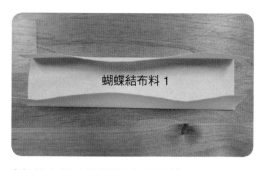

02 將布料上下端朝中心凹摺。

03 摺好後並整燙。

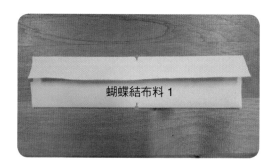

04 上下都標示出中心位置。

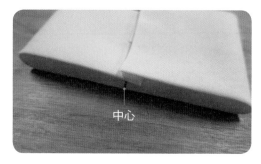

05 把左右兩側的布料往中心摺,讓布料在中心重疊 0.5cm。

06 利用兩條線從中間部分縫出 3 ～ 4 個皺褶。

07 確認好皺褶後將線拉緊。

08 把拉緊的線繞到蝴蝶結背面並打結。

09 用準備好的小塊布料（用來包覆蝴蝶結中心）往中間摺出適當寬度大小。

10 用熨斗燙整摺好的線條。

11 包覆蝴蝶結中心後在蝴蝶結背面以毛邊縫的方式加強固定。

12 正面調整整齊後在背面打結（完成單一蝴蝶結）。

13 製作蝴蝶結重疊這種更豐富設計感的
   飾品時，蝴蝶結布料 2 也照蝴蝶結布
   料 1 的方式製作，最後把兩者重疊並
   對準中心後一起縫出皺褶。

14 用小塊布料包覆中心。

15 依設計需要可加上假花或珠子點綴中
   間。

Tip 此為 19 世紀風格的裙撐洋裝、法式洋裝背
   面裝飾蝴蝶結的製作方法。

圍兜洋裝

胸前有可愛皺褶裝飾的洋裝，是上身與裙子一體的一件式基本洋裝。

／適用娃娃／

Blythe、Kukuclara、Licca、ruruko、Lele（neobel）、Madeline

／製作材料／

· 印花布料 12cm×25cm
· 薄紗棉布料 12cm×35cm
· 荷葉邊蕾絲 70cm

· 絲質緞帶 90cm
· 珍珠色米珠 6 顆
· 0.5cm 暗釦 2 顆

how to Make

01 用水性筆在布料背面畫上版型，預留摺邊後剪下，用防綻液塗抹周圍。

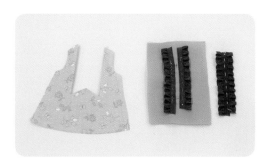

02 把胸前裝飾的兩條荷葉邊縫合後，固定在圍兜外層布料上，縫的時候記得把摺邊往內摺。

03 把洋裝正面對齊圍兜位置後，照紅線位置縫整。

04 圍兜部分留下 0.3cm 摺邊後剪掉多餘布料。

05 將外層正面、背面，內裡正面、背面的肩膀部分縫合。

06 摺好袖子下方的摺邊後，袖管頂端抓出 4 個對摺，0.1～0.2cm 大小各兩個，再把荷葉邊縫好後剪下多餘的部分，最後塗上防綻液。

07 如圖所示,將外層的袖子及袖子摺邊
用剪刀進行處理後,縫合袖子。

08 內裡的袖子周圍也用剪刀處理後,用
口紅膠稍微塗抹把摺邊壓平黏合。

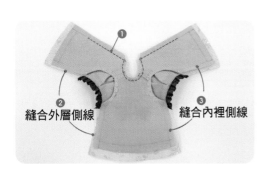

縫合外層側線 ② ① ③ 縫合內裡側線

09 外層的正面與內裡正面相對後疊上,從中間
位置的頸部開始縫合,頸線摺邊只留 0.2cm,
其他多餘的部分剪除。這時裙底保留 1cm 不
縫合,縫合外層正、背面的兩邊側線、內裡
的側線。

10 完成後會與照片一樣,翻至正面調整
形狀後整燙(尤其頸線)。

11 把洋裝正面朝下後,縫合裙子下襬的
摺邊,再縫上荷葉邊蕾絲。

12 剪去多餘的蕾絲，塗上防綻液，把縫
　 頸線時裙底留下的多餘摺邊摺好後，
　 從頸線開始到裙子下襬（請參考圖內
　 虛線）縫合一圈。

13 以工藝用膠水固定蝴蝶結，縫上珠
　 子，在背面中間縫上暗釦後完成。

連肩袖洋裝

由荷葉邊皺褶與玫瑰裝飾而成甜美可人的迷你洋裝，就讓我們來看看連肩袖洋裝怎麼做吧！若將袖子皺褶部分改為鬆緊帶會更實用。

／適用娃娃／

Blythe、Middy Blythe、Kukuclara、Licca、Cacarote、jjorori、Dorandoran、ruruko、Lele（ori）、Jerry berry

／製作材料／

- 正、背面布料 6cm×25cm
- 袖子布料 6cm×20cm
- 裙子布料 15cm×25cm
- 內裡布料（薄紗棉布）11cm×30cm

- 裝飾袖子的蕾絲 90cm
- 肩膀蕾絲 20cm
- 0.5cm 暗鈕 2 顆
- 絲質緞帶寬 0.3cm

- 玫瑰蕾絲
- 珠飾些許

01 用水性筆在布料背面畫上版型，預留
摺邊後剪下，用防綻液塗抹周圍。

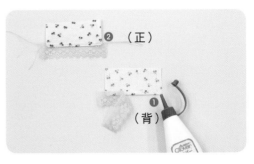

02 摺入袖子下方的摺邊，用工藝用膠水
先臨時固定幾處後，用兩條縫線固定
蕾絲，由於是要拉緊縫線製造出皺
褶，所以不能來回縫製。

03 縫上蕾絲的袖子底部如圖所示，拉緊
縫線讓寬度在包含摺邊的狀態下為
5cm 處打結固定，剪掉多餘的布料；
靠近肩膀部位照著完成線的位置再縫
上蕾絲。

04 正面的腰部縫線也是用兩條縫線固定
皺褶後，在左右兩側縫上袖子，肩膀
與頸線的摺邊要與照片一樣往內凹。

05 在完成線下方 0.1cm 處縫兩條縫線，
為調整出皺褶作準備。

06 把皺褶拉成袖子 2cm、正面 2.7cm、
袖子 2cm 長度後（包含摺邊）固定
縫線，打結後剪掉多餘部分。

07 縫上與袖子相連的背面。

08 往中間對摺，使外層正面和背面側線相對，一次縫合左右袖子跟側線。

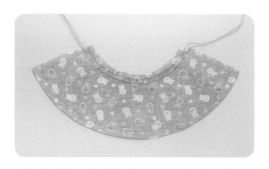

09 腰部完成線下方 0.2cm 處縫一條縫線，包含摺邊調整成 10.2cm 的長度。用熨斗稍微按壓皺褶固定。

10 用大頭針標示上衣跟裙子縫合的位置後縫製。

11 腰部的摺邊往上衣內摺，並把剛才製造裙子皺褶的縫線拉掉。

12 把裝飾玫瑰和珠子縫上腰部後，處理裙子下襬的摺邊，完成洋裝外層。

13 內裡正、背面重疊後，縫出側線，曲線的部分先用剪刀處理。

14 袖子跟底端摺邊往內摺後縫合。

15 裙襬底部縫上 60cm 的蕾絲，用縫線緊度調整到與外層相同的長度後用大頭針固定，縫合蕾絲。

內裡（背）

16 讓外層正面與內裡正面相對，縫合兩側的頸線與裙子背部的中心線。

內裡（正）

17 翻面後，頸線摺邊用毛邊縫縫合。

18 裙子下方的外層與內裡為各自縫合，固定背部的暗釦，完成。

LaDolce 洋裝

LaDolce 洋裝是使用率很高的洋裝設計,各位可以透過教學來學習蓬蓬袖與皺褶裙的製作方法。

／適用娃娃／

Blythe、Kukuclara、Licca、Cacarote、jjorori、Dorandoran、ruruko、Lele(neobel)、Madeline、Jerry berry

／製作材料／

- 印花布料 10cm×110cm
- 薄紗棉布料 10cm×135cm
- 四種蕾絲各 100cm

- 亮片飾品 5 個
- 0.5cm 暗鈕 2 顆
- 鬆緊線 50cm

＊將蕾絲用尼龍或絲質的溫度整燙。當蕾絲與布料一起整燙時,蕾絲部分則需用低溫整燙。

how to Make

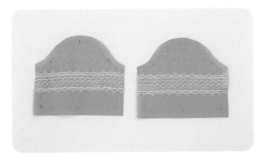

01 依照袖子版型把寬邊蕾絲縫在標示位置。

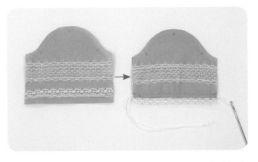

02 參考照片在袖子底部 0.5cm 處縫上蕾絲後，往內摺出 0.7cm 摺邊並在 0.4cm 位置縫合，製造出放置鬆緊線的地方，用長針將兩條鬆緊線放入。

03 袖管頂端抓出 0.2～0.3cm 寬的 6 個皺褶。

04 左右各摺兩個 0.1cm 細褶，依照版型剪下後，在正中央燙黏上亮片（先用熨斗稍微按壓固定後，再用力按壓燙平）。

05 將細褶放在上衣（正面）中央後縫合，在中央細褶兩旁縫上蕾絲，並將頸線部位往內縫合（箭頭部位）。

06 把做好的袖子縫在上衣外層兩側。

07 用剪刀在上衣內裡的袖子周邊剪出牙口後，塗上膠水往內摺並縫合。

08 把上衣內裡正面與外層正面相對後從中間的頸線開始縫合。

09 整理摺邊，背面中心摺邊為 0.5cm、頸線周圍摺邊為 0.2cm，頸線摺邊需經過牙口處理。

10 讓外層正面與背面相對，將袖子兩邊的側線縫合，此時內裡側線為未縫合的狀態，上衣準備動作先到這裡。

11 單色裙布料底端摺出摺邊，依照 ❶、❷ 蕾絲的順序縫上，花紋裙布料的底端也摺入摺邊後縫上 ❸ 號蕾絲。

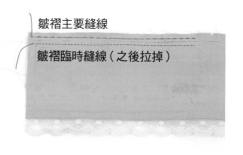

皺褶主要縫線

皺褶臨時縫線（之後拉掉）

12 將兩片布料重疊後，在腰線縫出（0.3cm 針腳）一條摺邊（皺褶主要縫線）。另一條則縫在摺邊線下方，這條縫線為臨時固定用，之後會拉掉。

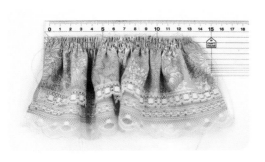

13 將兩條鬆緊線一起拉緊,將寬度調整
　 至 13cm(包含左右摺邊)。

14 把裙子左右兩端的摺邊縫合,上衣外
　 層與裙子外層相連縫合腰線,並將臨
　 時固定的縫線移除。

15 連結上衣內裡的側線,腰線內裡摺邊
　 往內處理後,用毛邊縫縫合裙子與上
　 衣外層的摺邊。

16 縫合裙子背部中心,在上衣背部縫上
　 暗釦。

17 把製作完成的洋裝過水後壓除水分,
　 乾了之後就會呈現照片中的自然裙襬
　 皺褶。

18 作品完成。

刺繡交叉式連身洋裝

為有刺繡圖案的交叉式連身洋裝，交叉式的裙襬不需處理也不會開線，是活用織物洋裝與層疊作法的首選。

/適用娃娃/

Blythe、Kukuclara、Licca、Cacarote、jjorori、Dorandoran、ruruko、Lele（neobel）、Jerry berry

/製作材料/

· 外層薄紗棉布料 35cm×35cm
· 內裡印花布料 15cm×15cm
· 三種十字繡線各 4m

how to Make

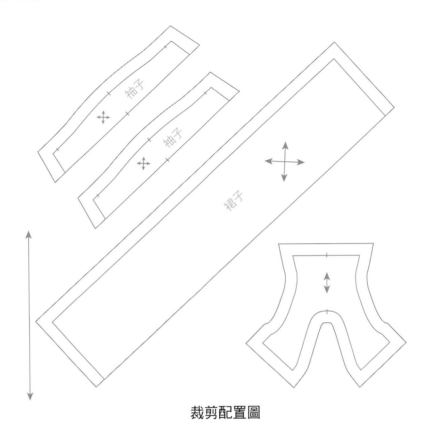

裁剪配置圖

01 用水性筆在布料上畫出版型後裁剪,袖子與裙子以斜紋(45 度)剪下,裙襬底端不縫合也不會開線。

Tip 刺繡時裁下布料後進行刺繡,肩膀上的鎖針是縫合袖子後再進行。

02 調整袖子皺褶,包含摺邊為 7cm。

03 將裙子腰部的皺褶包含摺邊調整為 12cm,整理裙子側線摺邊後縫合。

04 上衣外層與袖子縫合。

05 上衣內裡袖子周圍牙口處理後,用膠水往內固定、縫合。

06 上衣外層正面與內裡正面相對,從頸線開始固定,整理頸部摺邊 0.2 ～ 0.3cm,曲線部位進行牙口處理。

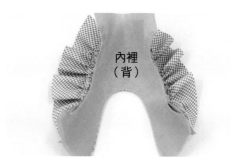

07 將外層背面與內裡背面翻面相對。

08 連接縫合外層與內裡袖子側邊縫線。

09 上衣外層正面與裙子正面相對後縫合腰線,準備 45cm 的三色十字繡線各種顏色拿 2 股後合成 6 股。用長針從側線由內往外通過,並在洞口旁邊縫幾針固定。

10 將三色線編織 10cm 後打結，剪掉多餘的部分。

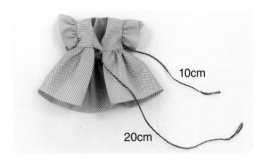

11 正面的線也以相同方式從正面出針後，編織成 20cm 的長度。

12 縫合內裡側線後，用毛邊縫整理上衣和裙子的腰線摺邊。

13 整理內裡肩膀部分，將肩膀摺邊與外層縫合固定。

14 成品完成。

基本針織連身裙

為有袖子的基本織物連身裙,可當作內搭穿著或是用蕾絲裝飾後變身時尚服裝。

／適用娃娃／

Blythe、Kukuclara、Licca、Cacarote、jjorori、Dorandoran、ruruko、Lele（neobel）、Jerry berry

／製作材料／

· 針織布料 40cm×15cm

how to Make

01 在布料背面畫上完成線，周圍保留
0.5cm 摺邊後剪下。

02 將正面、背面的肩膀線縫合，整理摺
邊 0.2cm 並在彎曲部位剪出牙口。

03 袖子底部縫合摺邊後，將左右袖子縫
上，連接袖子的摺邊須為 0.2cm。

04 頸部摺邊往內凹摺後固定，摺邊也為
0.2cm。

05 把外層正面與外層背面側線相對後縫
合，袖子的摺邊為 0.2cm，腋下及下
方摺邊用牙口處理。

06 側線摺邊縫合後整燙，底端摺邊也往
內摺後縫合。

07 將背面中心線上方的兩邊摺邊往內縫合後，將布料兩邊對齊，縫合中心線下方的部位。

08 翻面後整燙背面中心線部位與腋下，最後縫上暗釦。

09 成品完成。

ruruko™&© PetWORKs co.,Ltd.

布製愛心壁掛

跟各位介紹裝飾娃娃房的小品配件，利用雙面黏著紙（布用雙面膠）的貼花壁
掛做成小飾品，來改變房間氣氛吧！

／製作材料／
· 表層布料 12cm×12cm
· 棉花 2 盎司 12cm×12cm
· 底層布料 12cm×12cm
· 9 種碎片布料 3cm×3cm
· 布用雙面膠 10cm×10cm
· 蕾絲 50cm、絲質緞帶些許

how to Make

01 用水性筆在表層布料正面畫出圖案。

02 把碎片布料放在雙面黏著紙（布用雙
面膠）上熨燙，使之附著。

Tip 要注意使用布用雙面膠時不要黏到其他物
質和空隙。

03 等待冷卻後把布用雙面膠底部的紙撕
除。

04 用水性筆畫出愛心圖案後剪下（9 個
愛心）。

05 把愛心放在表層布料畫好的空格內，
一個個加熱燙貼上去。

06 在底層布料背面畫上邊框後，把棉花
墊在底部，表層布料的正面與底層布
料的正面相對，保留翻口後縫合邊
框。

07 將摺邊縫線多餘的棉花剪掉後,再剪掉四角的摺邊,從翻口翻面,用毛邊縫縫合翻口,整理形狀最後整燙。

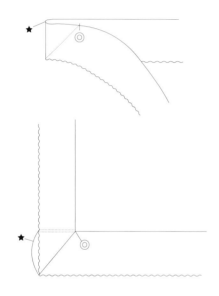

08 在正面四邊縫上蕾絲,四角部位可照左圖進行摺角縫製處理,完成四個角落。

09 用細線對齊畫好的隔線縫出框格,盡量不要穿透底部,以固定間隔的方式縫製表面。

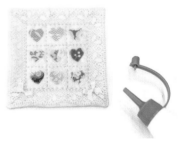

10 用工藝用膠水黏上 2 個裝飾用絲質蝴蝶結,完成作品。

knit

Anna
Minu

編織材料 & 工具

❶ 剪刀：剪斷線材的工具。

❷ 捲尺：測量編織物大小的工具。

❸ 輪針：不需要擔心掉針，適合初學者使用。

❹ 棒針：表面相當平滑的圓形棒體，可讓線材方便地移動。

❺ 鈕釦：用於固定飾品。

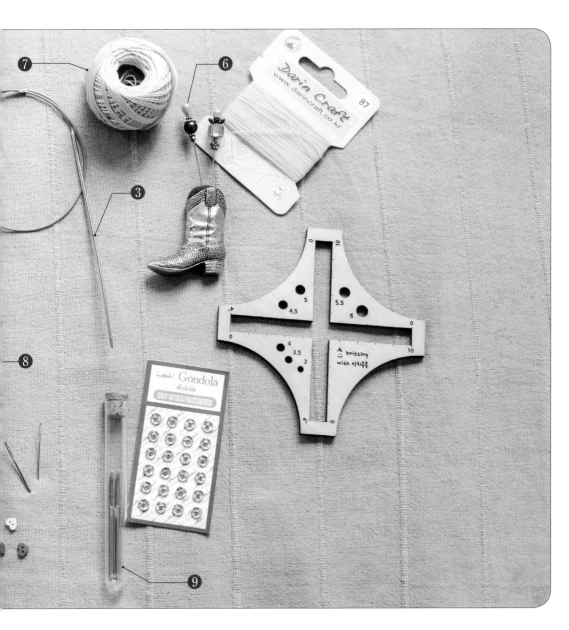

❻ 大頭針：可臨時固定織物。

❼ 線：製作娃娃會用到的線。

❽ 針號板：用來測量棒針尺寸。

❾ 大孔粗引針：用於連接側線或縫補、結束織針、放置織線時使用。

漸層式連身裙

從頸部以下如裙襬般（由上往下）的塔型連身裙，可依照娃娃的身高來調整長度。

/適用娃娃/

Blythe、Madeline、Kukuclara、Dorandoran、ruruko

/工具＆材料/
· ALiZE Miss Batik 線（100% 棉）
· 2mm 輪針 1 根
· 洋裝用 5mm 鈕釦 1 顆

/標準規格/
· 2mm 平針規格 38 目

/完成尺寸/
· 胸圍 9cm、洋裝長 9cm

/編織重點/
· 從脖子往下開始織的塔型織法。
· 長度以 cm 為主，非圖案的段數。
· 周圍加長：以 / \ （斜線）表示增加的連肩袖。

how to Make

〔連肩上衣織法〕

01. 以 2mm 針算出頸圍是 39 目，照著下圖織出 1 段～2 段（雙面花紋）。

02. 依照圖案加長連肩織出 3 段～8 段（63 目）。

03. 從 9 段後織 9 目－袖子上針 14 目後收針－前面 17 目－袖子上針 14 目後收針－後面 9 目。

04. 從 10 段開始袖子與身體分開編織，連接剩下的目依照圖案編織。

05. 到 18 段為止共為 2cm。

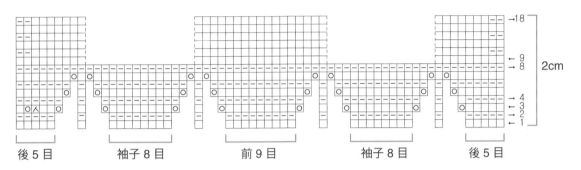

| 後 5 目 | 袖子 8 目 | 前 9 目 | 袖子 8 目 | 後 5 目 |

〔裙子織法〕

06. 加長第 1 段，從 35 目增加到 66 目。

07. 加上★段花紋共 67 目。

08. 依照圖案編織後，寬鬆地收針。

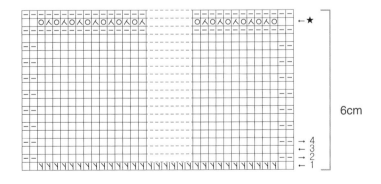

09. 裙子底端 3cm 左右開始用起伏針連接旁邊側線，直到底線收針為止。

10. 在鈕釦洞的另一側（右側）縫上鈕釦。

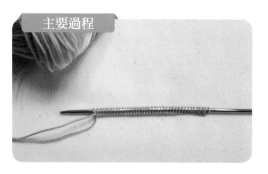

01 用一般輪針織出 39 目。

02 織出增加的 8 目，一共 63 目。

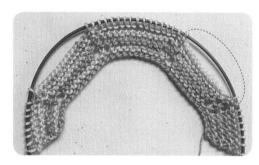

03 將袖子部分收針。

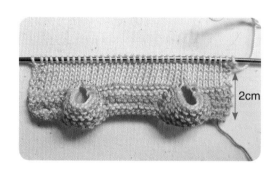

04 長度織到 2cm 長。

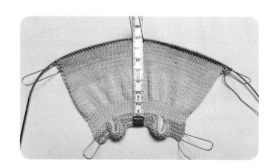

05 加上裙子的總長度為 8cm。

06 織出末段花紋後，寬鬆地收針。

07 用起伏針連接段的側線，縫上鈕釦。

08 作品完成。

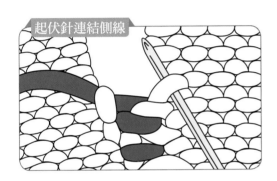

起伏針連結側線

吊帶裙

搭配簡單 T 恤或罩衫就是很有型的裙裝。正、背面為相同形狀，連接側線就可完成的裙子類型。

／適用娃娃／

Blythe、Kukuclara、Madeline、Licca、Cacarote、jjorori、Dorandoran、ruruko、Lele（neobel）

／工具＆材料／

- Hamanaka Shine Cotton 線
- 2mm、2.5mm 輪針各 1 根
- 洋裝用 5mm 鈕釦 1 顆

／標準規格／

- 2mm 平針規格 35 目

／完成尺寸／

- 裙圍 13cm、裙長 9cm

／編織重點／

- 由下往上織的基本織法
- 要漂亮地織出鐘型

how to Make

〔吊帶裙織法〕

01. 用 2.5mm 的輪針算出 57 目，織成與圖案相同的鐘型。（1 段～6 段為 2.5mm、7 段～8 段為 2mm 的輪針）

02. 用 2mm 的輪針連結後織出的裙襬。

03. 用相同方式織出前後兩片。

04. 從底往上 4cm 處連接側線，最後在吊帶底端用毛邊縫。

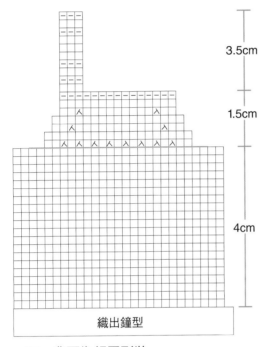

3.5cm

1.5cm

4cm

織出鐘型

＊正、背面為相同形狀。

＊雙數段為相反針。

〔鐘型織法〕

從 57 目開始（共 7 花紋）- 織花紋後剩 27 目。

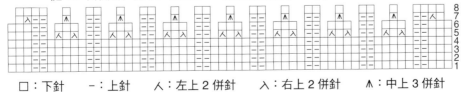

□：下針　　−：上針　　人：左上 2 併針　　入：右上 2 併針　　⋀：中上 3 併針

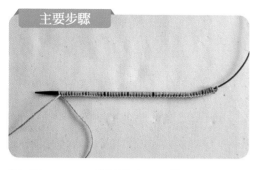

01 用 2.5mm 輪針織出 57 目。

02 織出鐘型的 1 段～4 段。

03 織出鐘型的 1 段～8 段。

04 改用 2mm 輪針以平針織法的方式織
4cm 長。

05 減少目數後繼續織 1.5cm。

06 保留左邊 3 目後收針。

07 肩膀以雙面織法（參考圖案記號）織
　 3.5cm 後收針。

08 以相同方式織出另一面。

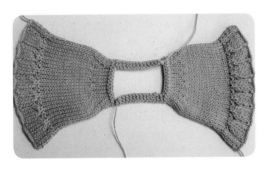

09 如圖所示將織物相對，用毛邊縫整理
　 肩膀的線。

10 完成。可用鈕釦或蝴蝶結裝飾毛邊縫
　 的地方。

無袖連身裙

挑戰製作無袖連身裙，雖然看似困難的上下兩種織法，但其實是一次就可以織成的洋裝。

╱適用娃娃╱

Blythe、Kukuclara、Madeline、Licca、Cacarote、jjorori、Dorandoran、Lele（neobel）、ruruko

╱工具＆材料╱

- Pingouin Baby 線
- 2mm、2.5mm 輪針各 1 根
- 洋裝用 5mm 鈕釦 1 顆

╱標準規格╱

- 2mm 平針規格 35 目

╱完成尺寸╱

- 胸圍 11cm、裙長 9cm

╱編織重點╱

- 由下往上織的基本織法
- 要注意皺褶裙與上衣的連接處

how to Make

〔裙子織法〕

01. 用 2.5mm 的輪針算出 82 目，從 2 目雙面織開始。

02. 第一段以上針開始。（上針 2 目－下針 2 目，上針 2 目結束）

03. 從 1 段～16 段用 2.5mm 輪針縫 3cm。

04. 17 段～18 段改 2mm 輪針縫（40 目），收線。

〔上身織法〕

05. 上身線（淡粉色）用 2.5mm 的輪針縫 40 目。

06. 用內平針織 2 段（1 段～2 段）。

07. 從 3 段起將裙子跟上身織合（參考圖片）。

08. 3 段～10 段用外平針織 2cm，40 目。

09. 如圖案所示，減少織數。後 1－前－後 2，後 2 的線不收。

10. 連結前後目。

11. ◎後 2－前－後 1 的順序，用下針織一段後，收針。

12. 連接裙子部分 1 段～16 段的側線（併縫）。

13. 在後 2 處縫上鈕釦。

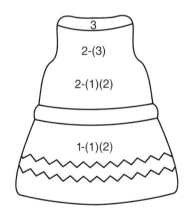

〔上身織法〕

用 2mm 輪針織，雙數段為相反針。

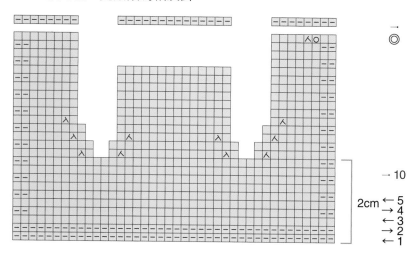

〔皺褶裙織法〕

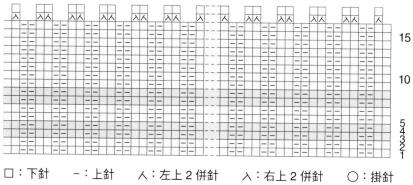

□：下針　　－：上針　　人：左上 2 併針　　入：右上 2 併針　　○：掛針

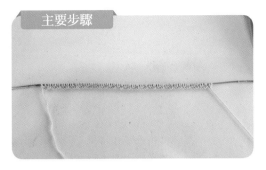

01 織出 82 目後用 2 目雙面織開始第 1 段（上針 2 目－下針 2 目－上針 2 目－下針 2 目－上針 2 目）。

02 將 3 段～4 段換顏色織。

03 織出兩條橫向花紋。

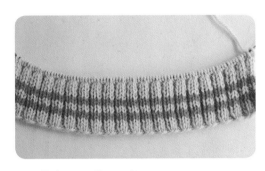

04 織出裙子的 16 段。

05 織 17 段～18 段。

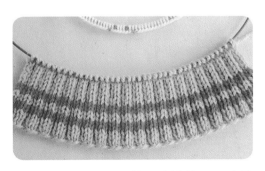

06 先將織好的裙子放置旁邊待用，改織上身。

07 平針織 2 段（上針 1 段 - 下針 1
　 段）。

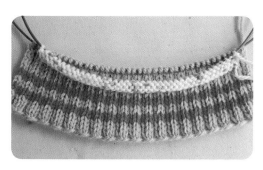

08 上身疊在裙子上。

09 將裙子和上身一起織。

10 剩下上身的織線。

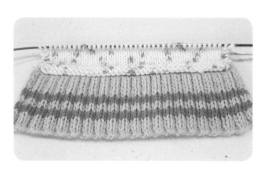

11 3 段～ 10 段為外平針織 2cm 高，為
　 40 目。

12 分出後 1 需要的目數。

13 分出前面需要的目數。

14 分出後 2 需要的目數。

15 依照後 2－前－後 1 的順序用下針
　　織 1 段。

16 收針。

17 連接裙子部分 1 段～16 段的側線
　　（併縫）。

18 在後 2 縫上鈕釦。

長袖連身裙

為塔型的連肩毛衣連身裙。娃娃衣服雖小，但編織方法卻與成人毛衣的花樣不相上下。

／適用娃娃／

Blythe、Kukuclara、Licca、Cacarote、Dorandoran

／工具＆材料／

· Hamanaka Linen Cotton 線
· 1.5mm、2mm 輪針各 1 根
· 洋裝用 5mm 鈕釦 1 顆

／標準規格／

· 2mm 桂花針規格 40 目

／完成尺寸／

· 胸圍 11cm、裙長 10cm

／編織重點／

· 由脖子往下織的塔型織法
· 長度以 cm 為主，非圖案的段數
· 雙數段為相反針

how to Make --

01. 用 1.5mm 的輪針抓出 45 目，上針 1 段、下針 1 段。

02. 以 7 目（右後）－ 1 目 － 7 目（袖子）－ 1 目 － 13 目（前）－ 1 目 － 7 目（袖子）－ 1 目 － 7 目（左後）的方式編織。

03. 用 2mm 的輪針織到 10 段，依照圖案織出花紋。

04. 將上身放置輪針。

05. 袖子用平針編織 3.5cm 後收針。

06. 右後 － 前 － 左後加上花紋 6cm，1 目羅紋針織 4 段後收針。

07. 圖案的後中心 I（下針）部分用連接側線的方式相織，袖子也連接側線。

08. 在右後縫上釦子。

〔★編織方法（P174）〕

〔整體花紋圖案〕

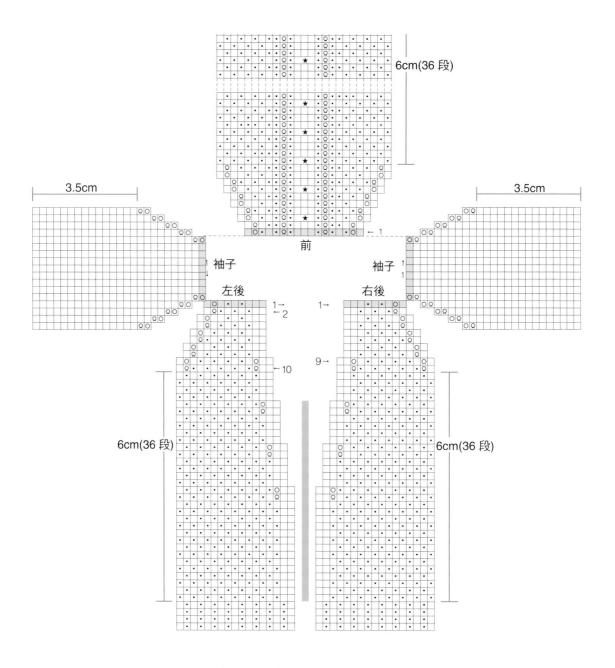

6cm(36 段)

3.5cm   3.5cm

前

袖子   袖子

左後   右後

1→   ←1
←2

1→
9→
←10

6cm(36 段)   6cm(36 段)

□：下針　　・：上針　　○：掛針　　Ω：扭針

01 以 1.5mm 輪針織出 45 目，以上針織
　 1 段、下針 1 段，再依照圖案織到 10
　 段。

02 袖子用平針織 3.5cm 後收針。

03 以右後－前－左後方式編織。

04 依照圖案連續織 6cm。

05 用 1 目羅紋針織 4 段後收針。

06 作品完成。

克
拉
拉
床
單

組合基本編織花紋的美麗蕾絲床單,花紋雖看似複雜但很多都是重複的部分,
編織過程不會太過困難。

／工具＆材料／
· Hamanaka Cotton Clear 線
· 2.5mm 輪針 1 根

／完成尺寸／
· 長 23cm、寬 28cm

／編織重點／
· 由下往上織的基本織法
· 參考之前作品的製作記號,雙數段為相反
  針

how to Make

01. 以 2.5mm 輪針織出 83 目，依照圖案織出花紋（1 段～140 段）。

02. 織完 33 段～60 段後，織 61 段～88 段（花紋相同）。

03. 接著織圖案的 89 段。

04. 收針後將織物翻面，用蒸氣定型。

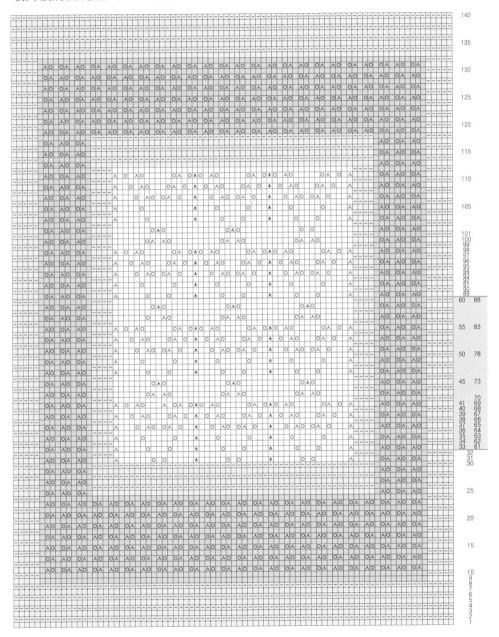

□：下針　　－：上針　　○：掛針　　入：右上2併針　　人：左上2併針　　ᐱ：中上3併針
ᐳ：右上3併針　　□：重複花紋

俏皮女僕連身裙

以甜美顏色組合而成的基本洋裝，搭配簡單的刺繡和腰上的蝴蝶結，強調出可愛俏皮感。從頸圍開始往下織縫，以上、下針的方式編織，底端加入一些裝飾不僅可以防止裙襬捲起，也有不同花紋的效果。

／適用娃娃／

ruruko、jjorori、Dorandoran、Middy Blythe、Kukuclara
＊＊Kukuclara 的上衣大部分都是緊身類型，可依照娃娃身高調整段數來控制裙子的長短。

／工具＆材料／

· 1.2mm、1.5mm 棒針各 4 根
· 羊毛刺繡線主要顏色 45m、配色用些許
· 結尾用大孔粗引針 1 根、暗鈕 2 顆

／標準規格／

· 1.2mm 棒針 68 目

／編織重點／

括號內的數字為上針，沒括號的數字為下針，圓形的「0」為掛針，句子結束後的〔＊＊目〕為段的總目數。「010」依照順序為掛針 – 下針 – 掛針。「01」為掛針 – 下針。

how to Make --

〔洋裝上衣〕

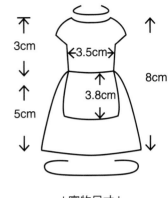

|實物尺寸|

01. 從頸圍開始織，以 1.2mm 棒針織出 37 目。

02. 3, (31), 3 [37 目]（例：下針 3 目，上針 31 目，下針 3 目，整體 37 目）。

03. 7, 010, 4, 010, 11, 010, 4, 010, 7 [45 目]（例：下針 7 目，掛針－下針－掛針，下針 4 目，掛針－下針－掛針，下針 11 目，掛針－下針－掛針，下針 4 目，掛針－下針－掛針，下針 7 目）。

04. 3, (39), 3 [45 目]（例：下針 3 目，上針 39 目，下針 3 目，整體 45 目。上針時掛針部分為扭針）。

05. 8, 010, 6, 010, 13, 010, 6, 010, 8 [53 目]。

06. 3, (47), 3 [53 目]。

07. 9, 010, 8, 010, 15, 010, 8, 010, 9 [61 目]。

08. 3, (55), 3 [61 目]。

09. 10, 010, 10, 010, 17, 010, 10, 010, 10 [69 目]。

10. 3, (63), 3 [69 目]。

11. 11, 010, 12, 010, 19, 010, 12, 010, 11 [77 目]。

12. 3, (71), 3 [77 目]。

13. 12, 010, 14, 010, 21, 010, 14, 010, 12 [85 目]。

14. 3, (79), 3 [85 目]。

15. 13, 18 目收針（袖子部分）, 23, 18 目收針（袖子部分）, 13 [49 目]（參考 01 步驟照片）。

16. 3, (43), 3 [49 目]。

17. 49 [49 目]。

18. 過程 16 - 17 重複 7 次（14 段）。

19. (16), 17, (16) [49 目]（下針 17 目到圍裙位置參考 02 步驟照片）。

20. 49 [49 目]。

21. 3, (43), 3 [49 目]（完成洋裝上衣部分）。

〔洋裝裙子〕

22. 接著洋裝上衣底部 4, 01 重複 42 次, 3 [91 目]（例：下針 4 目，掛針－重複下針 42 次後下針 3 目）。

23. 用 1.5mm 棒針 3, (85), 3 [91 目]（更換大棒針織出的尺寸會變大，可讓裙子段面豐富）。

24. 91 [91 目]。

25 依照 23 – 24 – 23 – 24 的順序織 4 段。

26 3 目收針（背面對齊往內的部分），下針 88 目用環編織法織 34 段。

　＊用 4 根棒針縫製圓形，為 3 根棒針以相同目數編織（參考 03 步驟照片）。

27 以蜂窩織法織 5 段後，由下針收針結束。

| 蜂窩織法 |

重複下針、上針後，下一段下針位置變上針、下針的方式反覆進行。
空格為下針、條紋為上針。

〔圍裙織法〕

28. 腰部從步驟 19 的上針位置，開始用不同的線織 17 目（參考 05, 06, 07 步驟照片）。

29. 3, (11), 3 [17 目]。

30. 下針 1 目，01 重複 16 次 [33 目]。

31. 3, (27), 3 [33 目]。

32. 33 [33 目]。

33. 過程 31 – 32 重複 12 次（24 段）。

34. 用蜂窩織法織 4 段後，整體收針。

35. 多織一層圍裙（參考圖案）。

36. 用不同的線抓 3 目後用 I-cord 包邊編織織 37cm，把蝴蝶結繫在腰上。

37. 在背面對齊處縫 2 顆暗釦，將鈕釦縫在腰線上版型會比較漂亮。把完成後的衣服用中性洗劑在溫水中輕柔洗滌，調整形狀後陰乾。

01 上圖為左右兩側袖子收針。

02 用上針在表面織出圍裙的地方。

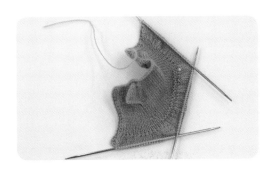

03 將目數分成 3 根棒針。

04 環編織的步驟,如照片所示由 3 根棒針分攤目數,用剩下的棒針按順序繞圈織。

05 抓出織目。

06 編織圍裙的過程。

07 圍裙完成。

08 用 I-cord 包邊編織製作出蝴蝶結。

09 以 I-cord 包邊編織（37cm）織的蝴蝶結綁在圍裙旁。

10 頸部用圍裙相同顏色的線來作鎖針裝飾。

11 完成後的背面。

12 完成後的正面。

如下圖用棒針織 3 目後，將織線從左邊推到右邊後用另一個棒針下針縫，再把線從左邊移到右邊，不斷地重複由左到右邊進行的下針織法。依照照片的順序重複織（37cm），最後的段用大孔粗引針縫，從左邊的目依序縫 3 目後拉緊後收針。

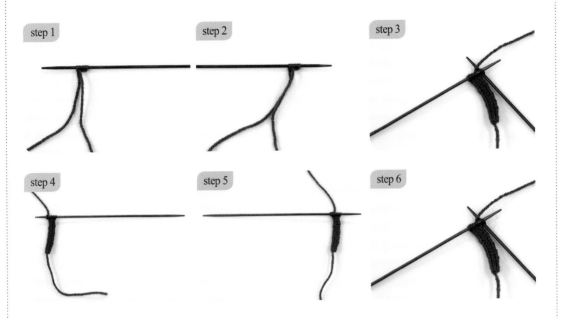

step 1　　step 2　　step 3

step 4　　step 5　　step 6

＊完成後的尺寸依照線的粗細、棒針的粗細、各人編織差異等多少會有不同，因此變更線的粗細或棒針粗細會影響到成品，可依照裙子長度或袖子長度等增減段數。

｜ 縫線圖案 ｜

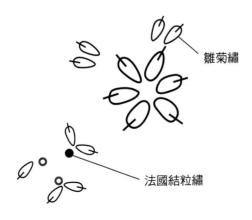

雛菊繡

法國結粒繡

俏皮蝴蝶結刺繡連身裙

小小改變披肩部分後整體感覺就不一樣的洋裝,刺上優雅的蝴蝶結更顯高貴,裙襬底部用上針和下針交替編織,與披肩有相同的裝飾效果,也可以防止底端部分捲起來。

／適用娃娃／

ruruko、jjorori、Dorandoran、Middy Blythe、Kukuclara
＊＊Kukuclara 的上衣大多都是緊身類型,可依照娃娃身高調整段數來控制裙子長短。

／工具＆材料／

· 1.2mm、1.5mm 棒針各 4 根
· 羊毛刺繡線 30m
· 蝴蝶結刺繡用寬 3mm 蝴蝶結與裝飾珠飾
· 結尾用大孔粗引針 1 根、暗釦 2 顆

／標準規格／

· 1.2mm 棒針 68 目

／編織重點／

括號內的數字為上針,沒括號的數字為下針,圓形的「0」為掛針,句子結束後的〔＊＊目〕為段的總目數。「010」依照順序為掛針－下針－掛針。「01」為掛針－下針。

how to Make

〔洋裝上衣〕

01. 從頸圍開始織，以 1.2mm 棒針織出 37 目。

02. 披肩部分用起伏針編織（一行下針、一行上針交替的方式，縫出獨特的波浪花紋）下針縫 37 目。

03. 7, 010, 4, 010, 11, 010, 4, 010, 7 [45 目]（例：下針 7 目，掛針 – 下針 – 掛針，下針 4 目，掛針 – 下針 – 掛針，下針 11 目，掛針 – 下針 – 掛針，下針 4 目，掛針 – 下針 – 掛針，下針 7 目）。

04. 45 [45 目]（掛針部分為扭針）。

05. 8, 010, 6, 010, 13, 010, 6, 010, 8 [53 目]。

06. 53 [53 目]。

07. 9, 010, 8, 010, 15, 010, 8, 010, 9 [61 目]。

08. 61 [61 目]。

09. 10, 010, 10, 010, 17, 010, 10, 010, 10 [69 目]。

10. 69 [69 目]。

11. 11, 010, 12, 010, 19, 010, 12, 010, 11 [77 目]。

12. 77 [77 目]。

13. 12, 010, 14, 010, 21, 010, 14, 010, 12 [85 目]。

14. 85 [85 目]。

15. 13, 18 目收針（袖子部分）, 23, 18 目收針（袖子部分）, 13 [49 目]。

16. 3, (43), 3 [49 目]。

17. 49 [49 目]。

18. 步驟 16 – 17 重複 8 次（16 段）。

19. 3, (43), 3 [49 目]。

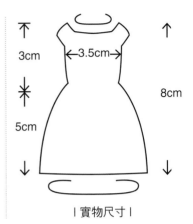

| 實物尺寸 |

〔洋裝裙子〕

20 接著洋裝上衣底部 4, 01 重複 42 次, 3 [91 目]（例：下針 4 目，掛針－重複下針 42 次後下針 3 目）。

21 用 1.5mm 棒針 3, (85), 3 [91 目]。

22 91 [91 目]。

23 依照 21 – 22 – 21 – 22 的順序織 4 段。

24 3 目收針（背面對齊往內的部分），下針 88 目用環編織法織 34 段。

　＊用 4 個棒針縫製圓形，為 3 根個棒針以相同目數編織（參考 03 步驟照片）。

25 上針一行、下針一行交替的方式起伏針織 5 段後，由下針收針結束，完成洋裝。

26 洗滌過後進行刺繡。

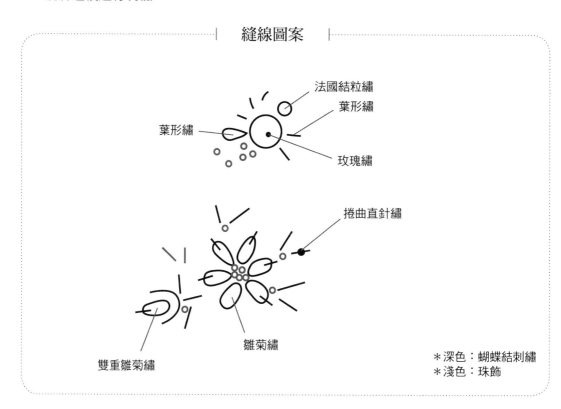

| 縫線圖案 |

法國結粒繡
葉形繡
葉形繡
玫瑰繡
捲曲直針繡
雛菊繡
雙重雛菊繡

＊深色：蝴蝶結刺繡
＊淺色：珠飾

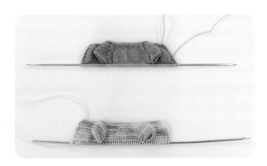

01 披肩的部分以起伏針織法來完成。

02 俏皮女僕連身裙披肩部分是以下針、上針組合的平針織法織成；俏皮蝴蝶結刺繡連身裙披肩部分裡外都是用下針縫的起伏針織法。

03 完成後的背面。

04 完成後的正面。

無袖蓬蓬連身裙

上身偏合身，袖子部分以起伏針織法來縮小袖子寬度，裙子部分利用花紋跟配色營造蓬鬆的可愛視覺效果。

/適用娃娃/

ruruko、jjorori、Dorandoran、Middy Blythe、Kukuclara
＊＊Kukuclara 的上衣大多都是緊身類型，可依照娃娃身高調整段數來控制裙子長短。

/工具＆材料/

· 1.2mm、1.5mm 棒針各 4 根
· 羊毛刺繡線主要顏色 45m、配色用 30m
· 結尾用大孔粗引針 1 根
· 暗釦 2 顆

/編織重點/

括號內的數字為上針，沒括號的數字為下針，圓形的「0」為掛針，句子結束後的〔＊＊目〕為段的總目數。「010」依照順序為掛針－下針－掛針。「01」為掛針－下針。

/標準規格/

· 1.2mm 棒針 68 目

how to Make

〔洋裝上衣〕

01. 從頸圍開始織，以 1.2mm 棒針織出 43 目。

02. 3, (37), 3 [43 目]（例：下針 3 目，上針 37 目，下針 3 目）。

03. 7, 010, 6, 010, 13, 010, 6, 010, 7 [51 目]（例：下針 7 目，掛針 – 下針 – 掛針，下針 6 目，掛針 – 下針 – 掛針，下針 13 目，掛針 – 下針 – 掛針，下針 7 目）。

04. 3, (6), 8, (17), 8, (6), 3 [51 目]（上針的掛針部分為扭針）。

05. 8, 010, 8, 010, 15, 010, 8, 010, 8 [59 目]。

06. 3, (7), 10, (19), 10, (7), 3 [59 目]。

07. 9, 010, 10, 010, 17, 010, 10, 010, 9 [67 目]。

08. 3, (8), 12, (21), 12, (8), 3 [67 目]。

09. 10, 010, 12, 010, 19, 010, 12, 010, 10 [75 目]。

10. 3, (9), 14, (23), 14, (9), 3 [75 目]。

11. 11, 010, 14, 010, 21, 010, 14, 010, 11 [83 目]。

12. 3, (10), 16, (25), 16, (10), 3 [83 目]。

13. 12, 010, 16, 010, 23, 010, 16, 010, 12 [91 目]。

14. 3, (11), 18, (27), 18, (11), 3 [91 目]。

15. 13, 20 目收針（袖子部分），25, 20 目收針（袖子部分），13 [51 目]。

16. 3, (45), 3 [51 目]。

17. 51 [51 目]。

18. 編織過程 16 – 17 – 16（3 段）。

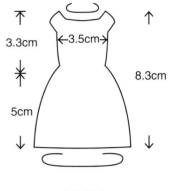

| 實物尺寸 |

〔腰線暗摺〕

19. 15, 2 併針, 17, 2 併針, 15 [49 目]。

20. 3, (43), 3 [49 目]。

21. 15, 2 併針, 15, 2 併針, 15 [47 目]。

22. 3, (41), 3 [47 目]。

23. 15, 2 併針, 13, 2 併針, 15 [45 目]。

24. 3, (39), 3 [45 目]。

25. 15, 2 併針, 11, 2 併針, 15 [43 目]。

26. 3, (37), 3 [43 目]。

〔裙子部分〕

27. 4, 01 重複 36 次, 3 [79 目]。

28. 3, (73), 3 [79 目]。

29. 換成配色線織 79 目。

30. 3, (73), 3 [79 目]。

31. 79 [79 目]。

32. 3, (73), 3 [79 目]。

33. 換成上身線（粉紅色）3 目收針後改環編，參考照片反覆織出花紋（花紋織 8 次共 50 段）。

34. 將上身全部收針後結束。

35. 在背面對齊處縫 2 顆暗釦，將鈕釦裝飾在腰線上版型會比較漂亮。把完成後的衣服用中性洗劑在溫水中輕柔洗滌，調整形狀後陰乾。

蓬蓬裙花紋編織圖案

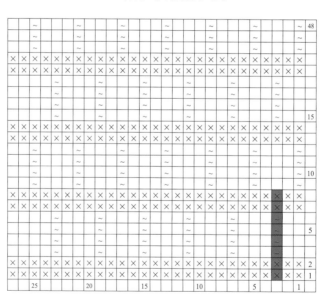

編織花紋第 4 行詳細步驟

01 解開紫色線第 4 行的目數,留下粉紅色線。

02 將粉色線縫在右側棒針的紫色線下方。

03 在棒針從後方繞上淺粉色線。

04 將線往前放。

05 將左邊的目數往右織。

06 將左邊的目數往右織。

07 織下針 3 目後，反覆進行。

08 交替織第二個花紋，可從標示的部分
   中看出是相同的重複過程。

09 完成後的正面。

10 完成後的背面。

小丑連身裙

帶有蓬度的袖子搭配直條紋裙，令人感覺有慶賀節慶的氣氛。

／適用娃娃／

ruruko、jjorori、Dorandoran、Middy Blythe、Kukuclara
＊＊Kukuclara 的上衣大多都是緊身類型，可依照娃娃身高調整段數來控制裙子長短。

／工具＆材料／

· 1.2mm、1.5mm 棒針各 4 根
· 羊毛刺繡線主要顏色 30m、配色用 20m
· 結尾用大孔粗引針 1 根
· 暗釦 2 顆

／標準規格／

· 1.2mm 棒針 68 目

／編織重點／

括號內的數字為上針，沒括號的數字為下針，圓形的「0」為掛針，句子結束後的〔＊＊目〕為段的總目數。「010」依照順序為掛針 – 下針 – 掛針。「01」為掛針 – 下針。

how to Make

〔洋裝上衣〕

01. 從頸圍開始織，以 1.2mm 棒針織出 47 目。

02. 3, (41), 3 [47 目]（例：下針 3 目，上針 41 目，下針 3 目）。

03. 8, 010, 6, 010, 15, 010, 6, 010, 8 [55 目]（例：下針 8 目，掛針 − 下針 − 掛針，下針 6 目，掛針 − 下針 − 掛針，下針 15 目，掛針 − 下針 − 掛針，下針 8 目）。

04. 3, (49), 3, (55 目)（上針的掛針部分為扭針）。

05. 9, 01 重複 11 次, 16, 01 重複 11 次，8 [77 目]。

06. 3, (7), 19, (19), 19, (7) [77 目]。

07. 10, 010, 17, 010, 19, 010, 17, 010, 10 [85 目]。

08. 3, (8), 21, (21), 21, (8), 3 [85 目]。

09. 11, 010, 19, 010, 21, 010, 19, 010, 11 [93 目]。

10. 3, (9), 23, (23), 23, (9), 3 [93 目]。

11. 12, 010, 21, 010, 23, 010, 21, 010, 12 [101 目]。

12. 3, (10), 25, (25), 25, (10), 3 [101 目]。

13. 13, 010, 23, 010, 25, 010, 23, 010, 12 [109 目]。

14. 3, (11), 27, (27), 27, (11), 3 [109 目]。

15. 14, 010, 25, 010, 27, 010, 25, 010, 12 [117 目]。

16. 3, (12), 29, (29), 29, (12), 3 [117 目]。

17. 16, 2 併針 14 次, 29, 2 併針 14 次, 16 [89 目]。

18. 3, (83), 3 [89 目]。

19. 16, 14 目收針（袖子部分）, 29, 14 目收針（袖子部分）, 16 [61 目]（參考 01 步驟照片）。

20. 3, (55), 3 [61 目]。

21. 61[61 目]。

22. 3, (55), 3 [61 目]。

23. 61[61 目]。

24. 3, (55), 3 [61 目]。

25. 18, 2 併針, 21, 2 併針, 18 [59 目]。

26. 3, (53), 3 [59 目]。

27. 18, 2 併針, 19, 2 併針, 18 [57 目] 次。

28. 3, (49), 3 [55 目]。

29. 18, 2 併針, 17, 2 併針, 18 [55 目]。

30. 3, (49), 3 [55 目]。

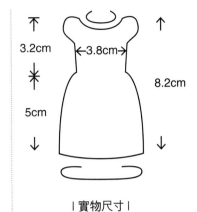

|實物尺寸|

3.2cm

←3.8cm→

8.2cm

5cm

〔 洋裝裙子 〕

31. 3, 01 重複 50 次, [105 目]。

32. 用 1.5mm 棒針 3, (99), 3 [105 目]。

    ＊更換棒針後裙子寬度也會有變寬的效果。

33. 105 [105 目]。

34. 9, (99), 3 [105 目]。

35. 105 [105 目]。

36. 3, (99), 3 [105 目]。

〔 裙子直線條紋 〕

37. 3 目收針（背面重疊部分），下針 102 目以環編織一行。

    ＊裙子花紋標示 X 的為配色線，步驟照片中為紅色線（參考 01～04 步驟照片）。

38. 跟花紋圖案一樣，用兩種色調的線織出 34 段花紋。

39. 用配色線織起伏針（上針一行、下針一行交替），織 5 段後用下針收針。

40. 在背面對齊處縫 2 顆暗釦，將鈕釦裝飾在腰線上版型會比較漂亮。把完成後的衣服用中性洗劑在溫水中輕柔洗滌，調整形狀後陰乾（參考 05、06 步驟照片）。

| 配色花紋圖案 |

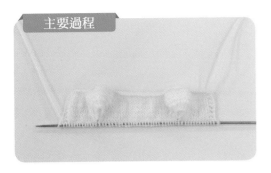

01 將袖子收針。

02 編織配色線時需注意不要拉到背面橫放的線。

03 花紋的表面。

04 花紋的內部。

05 完成後的正面。

06 完成後的背面。

象牙白派對連身裙

用透出隱隱光澤的象牙白所製作的洋裝，寬領設計加上奢華的蝴蝶結與珠飾，非常適合參加派對。衣服模特兒是以 Blythe 為對象，但 Kukuclara 也合適。

/適用娃娃/

Blythe、Kukuclara

/工具＆材料/
- 1.2mm、1.5mm 棒針各 4 根
- 蕾絲用棉紗（衣長 8）
- 結尾用大孔粗引針 1 根、暗釦 2 顆
- 寬 3mm、6mm 蝴蝶結用緞帶些許
- 裝飾用珠飾

/標準規格/
- 1.2mm 棒針 60 目

/編織重點/

括號內的數字為上針，沒括號的數字為下針，圓形的「0」為掛針，句子結束後的〔＊＊目〕為段的總目數。「010」依照順序為掛針－下針－掛針。「01」為掛針－下針。

how to Make --

〔洋裝上衣〕

01. 從頸圍開始織，由上往下編織的方式以 1.2mm 棒針織出 47 目。

02. 47 [47 目]。

03. 47 [47 目]。

04. 47 [47 目]。

05. 3, (41), 3 [47 目]（例：下針 3 目，上針 41 目，下針 3 目）。

06. 8, 010, 6, 010, 15, 010, 6, 010, 8 [55 目]（例：下針 8 目，掛針 − 下針 − 掛針，下針 6 目，掛針 − 下針 − 掛針，下針 15 目，掛針 − 下針 − 掛針，下針 8 目）。

07. 3, (49), 3, (55 目)（上針的掛針部分為扭針）。

08. 9, 01 重複 11 次, 16, 01 重複 11 次, 8 [77 目]。

09. 3, (7), 19, (19), 19, (7), 3 [77 目]。

10. 10, 010, 17, 010, 19, 010, 17, 010, 10 [85 目]。

11. 3, (8), 21, (21), 21, (8), 3 [85 目]。

12. 11, 010, 19, 010, 21, 010, 19, 010, 11 [93 目]。

13. 3, (9), 23, (23), 23, (9), 3 [93 目]。

14. 12, 010, 21, 010, 23, 010, 21, 010, 12 [101 目]。

15. 3, (10), 25, (25), 25, (10), 3 [101 目]。

16. 13, 010, 23, 010, 25, 010, 23, 010, 13 [109 目]。

17. 3, (11), 27, (27), 27, (11), 3 [109 目]。

18. 14, 010, 25, 010, 27, 010, 25, 010, 14 [117 目]。

19. 3, (12), 29, (29), 29, (12), 3 [117 目]。

20. 16, 2 併針 14 次, 29, 2 併針 14 次, 16 [89 目]。

21. 3, (83), 3 [89 目]。

22. 16, 14 目收針（袖子部分）, 29, 14 目收針（袖子部分）, 16 [61 目]（參考 01、02 步驟照片）。

23. 3, (55), 3 [61 目]。

24. 18, 2 併針, 21, 2 併針, 18 [59 目]。

25. 3, (53), 3 [59 目]。

26. 18, 2 併針, 19, 2 併針, 18 [57 目]。

27. 3, (51), 3 [57 目]。

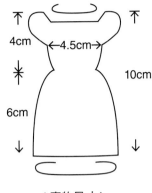

4cm

←4.5cm→

10cm

6cm

| 實物尺寸 |

28. 18, 2 併針 2 次, 13, 2 併針 2 次, 18 [53 目]。

29. 3, (47), 3 [53 目]。

〔洋裝裙子〕

30. 3, 01 重複 48 次, 2 [101 目]。

31. 換成 1.5mm 棒針 3, (95), 3 [101 目]。

32. 101 [101 目]。

33. 3, (95), 3 [101 目]。

34. 101 [101 目]。

35. 3, (95), 3 [101 目]。

36. 3 目收針（背面重疊部分）, 98 [98 目]。

37. 分成三個棒針後，以環編的方式下針 98 目織 40 段。

38. 底部裝飾以上針一行、下針兩行、上針一行、下針兩行、上針一行後，以下針收針。

39. 在完成後的裙子頸圍繡上法國結粒繡（參考 03 步驟照片）。

40. 參考附件圖案後裝飾蝴蝶結與珠飾。

41. 在背面對齊處縫 2 顆暗釦，將鈕釦裝飾在腰線上版型會比較漂亮。把完成後的衣服用中性洗劑在溫水中輕柔洗滌，調整形狀後陰乾。

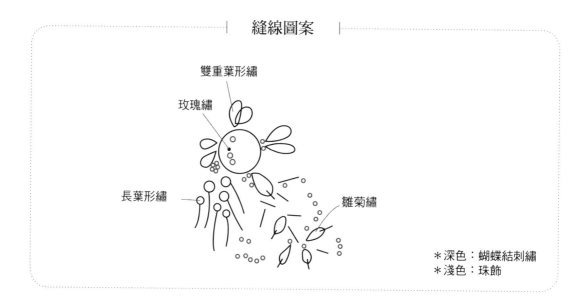

縫線圖案

雙重葉形繡

玫瑰繡

長葉形繡

雛菊繡

＊深色：蝴蝶結刺繡
＊淺色：珠飾

01 完成一邊袖子後收針。

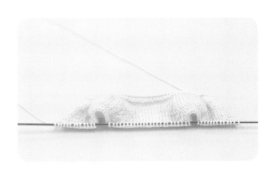

02 完成兩邊袖子後收針。

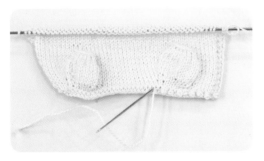

03 完成上身部分後,用法國結粒繡裝
飾。

04 背面收針部分,對齊後往內處理。

05 環編的步驟。

06 完成作品。

紅髮安妮的樸素連身裙

看到 ruruko 臉上的雀斑跟紅髮後，想到紅髮安妮而設計的樸素連身裙，一起把小時候所看的卡通回憶，戴著帽子的紅髮安妮召喚出來吧！

／適用娃娃／

ruruko、jjorori、Dorandoran、Middy Blythe

／工具＆材料／
· 1.2mm、1.5mm 棒針各 4 根
· 羊毛刺繡線主要顏色 45m、配色線些許
· 結尾用大孔粗引針 1 根
· 暗釦 2 顆

／標準規格／
· 1.2mm 棒針 68 目

／編織重點／

括號內的數字為上針，沒括號的數字為下針，圓形的「0」為掛針，句子結束後的〔＊＊目〕為段的總目數。「010」依照順序為掛針－下針－掛針。「01」為掛針－下針。

how to Make

〔洋裝上衣〕

01. 以 1.2mm 棒針織出 43 目。
02. 3, (37), 3 [43 目]。
03. 43 [43 目]。
04. (43) [43 目]。
05. 3, (37), 3 [43 目]。
06. 7, 010, 6, 010, 13, 010, 6, 010, 7 [51 目]（例：下針 7 目，掛針 - 下針 - 掛針，下針 6 目，掛針 - 下針 - 掛針，下針 13 目，掛針 - 下針 - 掛針，下針 7 目）。
07. 3, (45), 3, (51 目)。
08. 8, 01 重複 11 次, 14, 01 重複 11 次, 7 [73 目]。
09. 3, (7), 17, (19), 17, (7), 3 [73 目]（上針的掛針部分為扭針）。
10. 9, 010, 17, 010, 17, 010, 9 [81 目]。
11. 3, (8), 19, (21), 19, (8), 3 [81 目]。
12. 10, 010, 19, 010, 19, 010, 19, 010, 10 [89 目]。
13. 3, (9), 21, (23), 21, (9), 3 [89 目]。
14. 11, 010, 21, 010, 21, 010, 21, 010, 11 [97 目]。
15. 3, (10), 23, (25), 23, (10), 3 [97 目]。
16. 12, 010, 23, 010, 23, 010, 23, 010, 12 [105 目]。
17. 3, (11), 25, (27), 25, (11), 3 [105 目]。
18. 13, 2 併針 13 次, 27, 2 併針 13 次, 13 [79 目]。
19. 3, (73), 3 [79 目]。

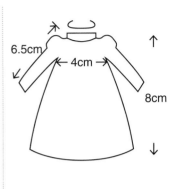

|實物尺寸|

〔洋裝裙子〕

20. 下針 12 目，用其他顏色輔助線織 15 目後下針 25 目，用其他顏色輔助線織 15 目後下針 12 目。
　　＊使用大孔粗引針縫線（參考 01 步驟照片）。
21. 3, (43), 3 [49 目]。
22. 49 [49 目]。
23. 重複步驟 22－23 2次。
24. 5, 01, 6, 01, 6, 01, 6, 01, 6, 01, 6, 01, 6, 01, 2 [57 目]。
25. 3 目收針, 54 [54 目]。
26. 用 1.5mm 以環編下針織 25 段 54 目。

27. 5, 01, 7, 01, 7, 01, 7, 01, 7, 01, 7, 01, 7, 01 [61 目]。

28. 用下針織 25 段 61 目。

29. 以上針一行、下針兩行、上針一行、下針兩行、上針一行後，以下針收針（參考 02 步驟照片）。

〔**袖子編織（兩邊相同）**〕

30. 把用 1.2mm 棒針織的其他顏色輔助線分成 3 個 5 目，穿插目的時候，就把其他顏色的輔助線拔除（參考 03、04 步驟照片）。

31. 開始織袖子第一行時，用正面上身的第 1 目來織下針，拿後面上身的 1 目組成環編。[17 目]（袖口洞下方參考 05、06、07 步驟照片）。

32. 環編進行 55 段下針，增減段數可調整袖子長度。

33. 結束下針的袖子部分後，袖口裝飾以上針一行、下針兩行、上針一行、下針兩行、上針一行後，以下針收針。

〔**頸圍編織**〕

34. 用不同的線織頸部的 40 目（1.2mm 棒針，參考 08 步驟圖片）。

35. 以下針兩行、上針一行、下針兩行、上針一行的方式最後用下針收針。

36. 在背面對齊處縫 2 顆暗釦，把完成後的衣服用中性洗劑在溫水中輕柔洗滌，調整形狀後陰乾（參考 09、10 步驟照片）。

01 用其他顏色的輔助線織目。

02 用其他顏色的輔助線織出袖子和裙襬
　 下方的花紋。

03 把目移到棒針上。

04 移除其他顏色的輔助線。

05 兩邊起針的方法。

06 背面起針的位置。

07 背面起針的位置。

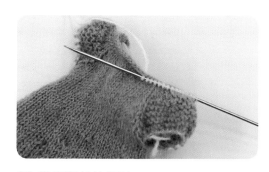

08 織出頸部的起針。

09 完成後的背面。

10 完成後的正面。

粉色鬱金香毛衣罩衫

淡粉色底加上鮮豔小花點綴的可愛罩衫，是可搭配洋裝與休閒造型的基本配件單品。

/ 適用娃娃 /

ruruko、jjorori、Dorandoran、Middy Blythe、Kukuclara

/ 工具 & 材料 /

- 1.2mm、1.5mm 棒針各 2 根
- 羊毛刺繡線主要顏色 30m、配色線 2 種些許
- 結尾用大孔粗引針 1 根
- 直徑 3mm 鈕釦 6 顆

/ 標準規格 /

- 1.2mm 棒針 68 目

/ 編織重點 /

括號內的數字為上針，沒括號的數字為下針，圓形的「0」為掛針，句子結束後的〔＊＊目〕為段的總目數。「010」依照順序為掛針－下針－掛針。「01」為掛針－下針。

how to Make

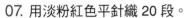

〔洋裝上衣〕

01. 以 1.2mm 棒針織出 53 目。

02. 1 目以羅紋針織出 5 段（一開始為上針 2 目、下針 1 目，上針 1 目重複，最後的 2 目為上針 2 目）。

03. 用 1.5mm 棒針織下針 53 目。

04. 上針織 53 目。

05. 用配色線織出 2 段（織淡粉紅色 4 目綠色 3 目、淡粉紅色 3 目、綠色 3 目重複後最後淡粉紅色 4 目）。

06. 上針織淡粉紅色 3 目、綠色 1 目、淡粉紅色 1 目、綠色 1 目、淡粉紅色 1 目，重複後最後淡粉紅 3 目。

07. 用淡粉紅色平針織 20 段。

08. 上針 10 目、5 目收針（袖子連結部分），上針 23 目、5 目收針（袖子連結部分），上針 10 目後保留織線 [33 目]。

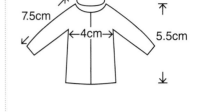

7.5cm 下 4cm 5.5cm

| 實物尺寸 |

〔製作袖子（2 片）〕

09. 用 1.2mm 起 19 目（保留 20cm 以上的線，之後縫袖管用）。

10. 1 目以羅紋針織出 5 段（一開始為上針 2 目、下針 1 目、上針 1 目重複，最後的 2 目為上針 2 目）。

11. 下針織 19 目。

12. 上針織 19 目。

13. 為了突顯配色，用淡粉紅色和綠色目數交錯，先織淡粉紅色 5 目綠色 3 目、淡粉紅 3 目、綠色 3 目、淡粉紅色 5 目。

14. 上針織淡粉紅色 4 目綠色 1 目、淡粉紅色 1 目、綠色 1 目、淡粉紅色 1 目，重複後最後淡粉紅色 4 目。

15. 用淡粉紅色平針織 24 段。

16. 下針 3 目收針，下針 13 目、下針 3 目收針 [13 目]（參考 01 步驟照片）。

〔將袖子與上身色相連〕

17. 用上身保留的線織出正面 10 目。

18. 拿 2 片袖子中的 1 片跟正面 10 目相連，織 13 目（參考 02、03 步驟照片）。

19. 織好袖子後和上身背面連接，織 23 目。

20. 和剩下的 1 片袖子相連，織 13 目。

21. 織好袖子後和上身正面連接，織 10 目 [69 目]（從袖口部分開始）。

22. 用上針織 69 目。

23. 披肩部分為了跳色，必須數淡粉紅色和綠色的目數，淡粉紅色 3 目綠色 3 目、淡粉紅色 3 目、綠色 3 目重複後最後淡粉紅色 3 目 [69 目]。

24. 上針織淡粉紅色 2 目、綠色 1 目、淡粉紅色 1 目、綠色 1 目、淡粉紅色 1 目重複後最後淡粉紅色 2 目。

25. 用淡粉紅色平針織 2 段 [69 目]。

26. 下針 5 目和 2 併針重複 9 次後，下針 6 目 [60 目]。

27. 上針 60 目 [60 目]。

28. 因披肩部分越往上越窄，下針 2 目、2 併針和下針 4 目重複 9 次後，2 併針、下針 1 目後減少 11 目。

29. 上針 49 目。

30. 下針 1 目、2 併針、下針 1 目、2 併針和下針 3 目重複 8 次後，2 併針、下針 3 目後減少 10 目。

31. 結束脖子的部分為 1 目羅紋針織出 4 段（開始為上針 2 目、羅紋針 1 目，最後的為上針 2 目）[39 目]。

32. 39 目收針（保留織線）。

〔罩衫正面〕

33. 用頸圍收針後留下來的線在正面起 35 目。

34. 從上針 2 目開始，羅紋針 1 目後最後上針 2 目結束。

35. 1 目羅紋針織 5 段後收針（左右相同）。

36. 用其他顏色的輔助線開始織正面下襬到頸部起 35 目，用 1 目羅紋針織到結束。

37. 兩邊袖子的配色部分，在綠色的花梗中間用桃紅色縫捲曲直針繡，袖子部分的刺繡要在縫製袖筒前進行，身體正面部分的刺繡何時進行都可以，因袖子部分縫製後空間較小，不方便刺繡，因此要先進行（參考 06 步驟照片）。

38. 用留在袖口的線縫袖筒。（參考 07 步驟照片）把袖子兩邊的收針與上身的收針縫在一起（參考 08 步驟照片）。

39. 用桃紅色在上身其他部位以捲曲直針繡來點綴花包，最後縫上左邊一排鈕釦即完成。

40. 把完成後的衣服用中性洗劑在溫水中輕柔洗滌，調整形狀後陰乾。

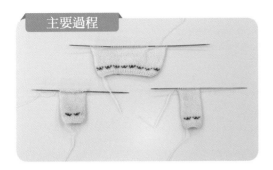

01 織好上身 1 片、袖子 2 片。

02 將袖子與上身連接。

03 將另一片袖子與上身連接。

04 正面起針。

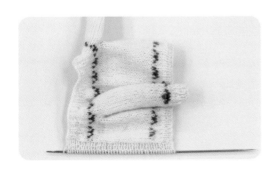

05 編織正面。

06 將兩邊袖子繡上花。

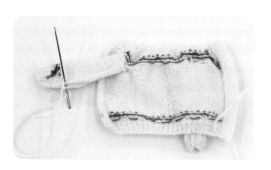

07 縫合袖筒。

08 縫合腋下交接處。

09 完成後的背面。

10 未縫製鈕釦的樣子。

ruruko™©PetWORKs co.,Ltd.

Knit Basic

1. 使用的編織記號

- ｜：下針織法
- －：上針織法
- ○：掛針
- 人：左上 2 併針
- 入：右上 2 併針
- 八：中上 3 併針
- 入：右上 3 併針
- Ｙ：右加針
- Ｙ：左加針
- Ｑ：扭針（扭轉編織）
- 平針編織
- 起伏針編織
- 收針
- 製作鈕釦洞
- 併縫

2. 如何看圖進行

① 一格為 1 目。

② 單數進行方向的圖案標示為←，雙數進行方向的圖案標示為→。

③ 單數段依照符號編織。

④ 雙數段則為相反針。

（例）符號－：上針／單數段織上針，雙數段織下針。

⑤ 圖表的符號在整體底圖上代表花紋的圖案。

3. 如何測量標準尺寸？

① 指用建議的棒針編織時，長 10cm 寬 10cm 內包含圖案的目數與段數。

（例）2mm 平針規格 35 目的意思為用 2mm 的棒針用平針織的話，10cm 內會有 35 目。

② 會記載詳細內容或是依照尺寸，出現對應衣服大小的相關規格。

| ・下針織法

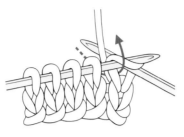

01 將線從右邊繞到棒針前面。

02 依照箭頭方向拉線，把目從左棒針拉出來。

一・上針織法

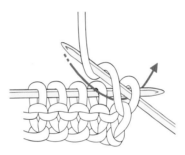 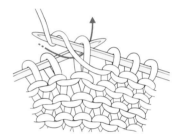

01 將線放在前面右邊棒針由後往前穿。

02 纏繞線後照箭頭方向把線拉出。

○・掛針

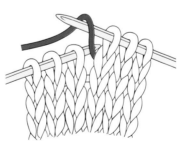 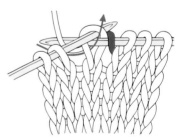

01 在右針上由前側掛線。

02 下一針用下針縫。

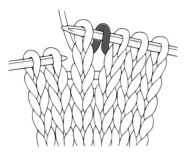

03 製造出掛針。

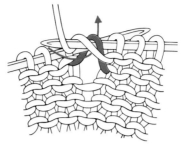

04 織到掛針的地方時，若是
上針面則以上針處理。

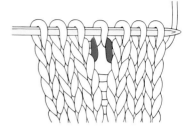

05 由外層看掛針的樣子。

人・左上 2 併針

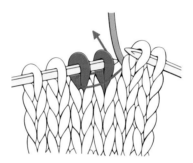

01 一次穿兩針到右邊。

02 兩針一起穿過棒針。

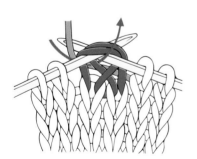

03 用兩針進行下針織。

04 一次拉出兩針。

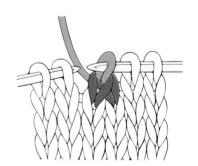

05 完成 2 併針。

入・右上 2 併針

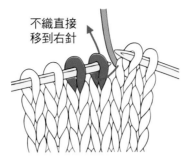

不織直接移到右針

01 併針的第一針不織，移到右針。

02 第二針進行下針織。

套過去

03 將移過去的針套過織的針。

04 織的針套過後放掉左邊的針。

05 完成右上 2 併針。

入・中上 3 併針

不織直接移到右針

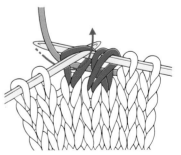

01 併針的三針中，將第一、二針依照箭頭移到右針。

02 第三針進行下針織。

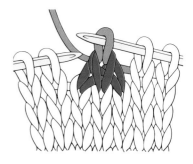

03 將移過去的兩針，用下針織套到第三針。

04 套過第三針後放掉左邊的針。

05 完成中上 3 併針。

ㅅ・右上 3 併針

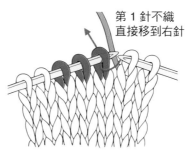

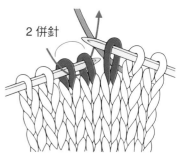

01 把併針的第 1 針不織，直接移到右針。

02 以 2 併針的方式，一次穿兩針。

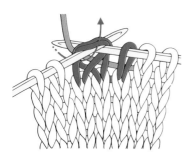

03 兩針一起用下針織。

04 將移過去的針套過織的針。

05 完成右上 3 併針。

Ｙ・右加針

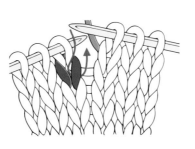 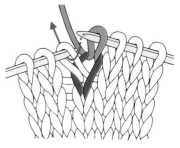

01 把下一段的針移到右邊棒　　02 把針拉出來後進行下針
　　針。　　　　　　　　　　　　　織。

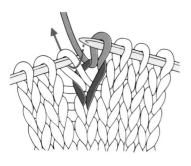 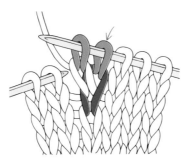

03 再用棒針上的針進行下針　　04 完成右加針。
　　織。

Ｙ・左加針

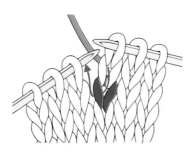 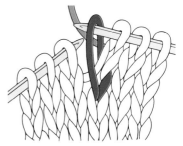

01 把要增加的部位先織後，　　02 把下兩段的針移到右針。
　　將該針下面兩段如箭頭所
　　示的針移到右針。

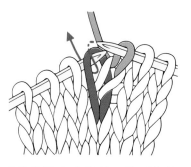 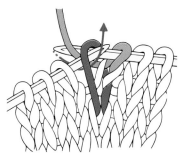 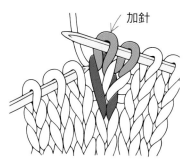

03 把拉上來的針，移到左針上。

04 織下針。

05 完成左加針。

◯ · 扭針（扭轉編織）

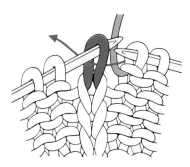 

01 右棒針箭頭從下針的下線穿入。

02 放入棒針。

  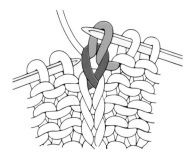

03 用右棒織下針。

04 針下方扭轉。

05 把線拉出後完成扭針。

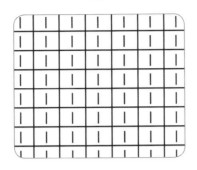

· 平針編織

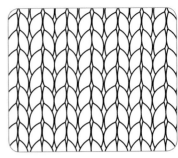

· 起伏針編織

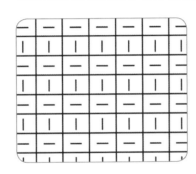
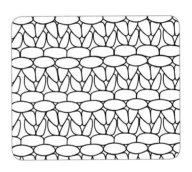

· 收針

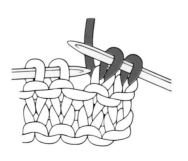
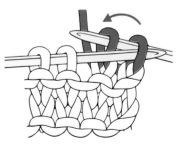

01 以第一針織下針。

02 用左針把第一針套在第二針上。

 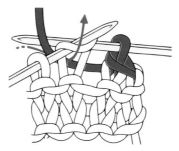 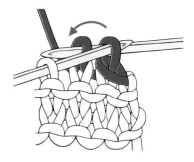

03 完成收針。　　　　　　04 下一針以下針進行。　　　05 用左針套在前一針上（重
　　　　　　　　　　　　　　　　　　　　　　　　　　　　　複進行 04、05 步驟）。

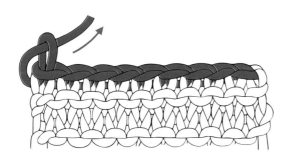

06 把最後的線通過最後一針後拉緊。

・製作鈕釦洞

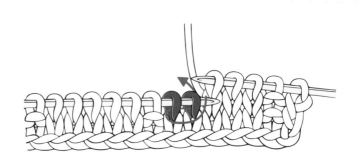

01 用右針一次穿兩針。

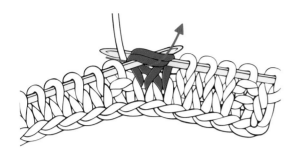

02 進行 2 併針。

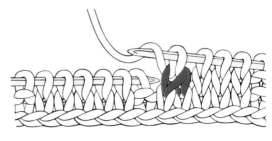

03 掛針後繼續織下一針。

• 併縫

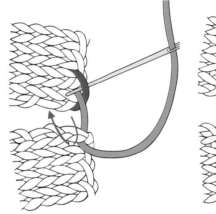

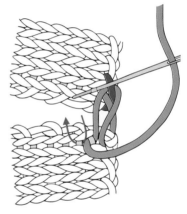

01 將織物表面相對後,把線穿入最開始的針中。

02 把線橫向上下依序穿入織物的針間,每穿一針就把線拉緊。

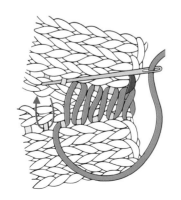

03 反覆進行動作,把針拉緊不讓連結針被看到。

·刺繡方法·

·雛菊繡

·玫瑰繡

·捲曲直針繡

·法國結粒繡

·捲曲直針繡

可互換基本
原型 背面

Kukuclara 女帽
背面版型

Kukuclara 女帽
帽舌 A

Kukuclara 女帽
帽舌 A

披肩
正面 4 片

Kukuclara 女帽
帽緣

ruruko 外的其他
娃娃用帽舌 A

ko 外的其他
娃用斗篷

ruruko 外的其他
娃娃用帽緣

ruruko 外的
其他娃娃用
帽舌 A

ruruko
外的其他
娃娃用
女帽背面

＊女帽版型：可依照女帽造型使用
＊可互換基本原型：一般娃娃可使用
　的版型

clara 斗篷

髮帶

＊所有版型需留 0.4cm～0.7cm 的摺邊後剪下。
（曲線 0.4cm／直線 0.5cm／下襬 0.7cm）

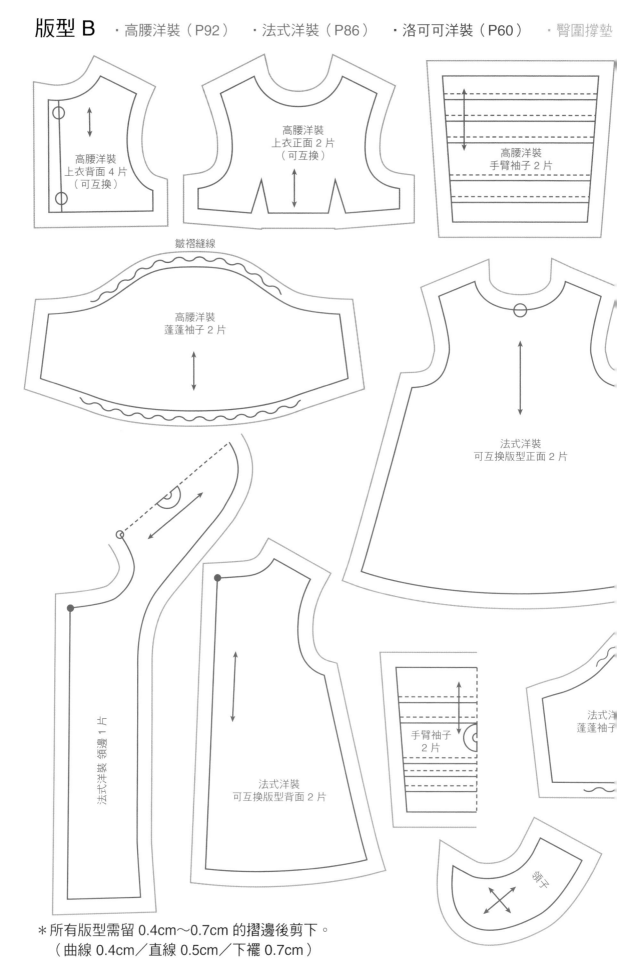

版型 B ·高腰洋裝（P92） ·法式洋裝（P86） ·洛可可洋裝（P60） ·臀圍撐墊

高腰洋裝
上衣背面 4 片
（可互換）

高腰洋裝
上衣正面 2 片
（可互換）

高腰洋裝
手臂袖子 2 片

皺褶縫線

高腰洋裝
蓬蓬袖子 2 片

法式洋裝
可互換版型正面 2 片

法式洋裝 領邊 1 片

法式洋裝
可互換版型背面 2 片

手臂袖子
2 片

法式洋
蓬蓬袖子

領子

＊所有版型需留 0.4cm～0.7cm 的摺邊後剪下。
（曲線 0.4cm／直線 0.5cm／下襬 0.7cm）

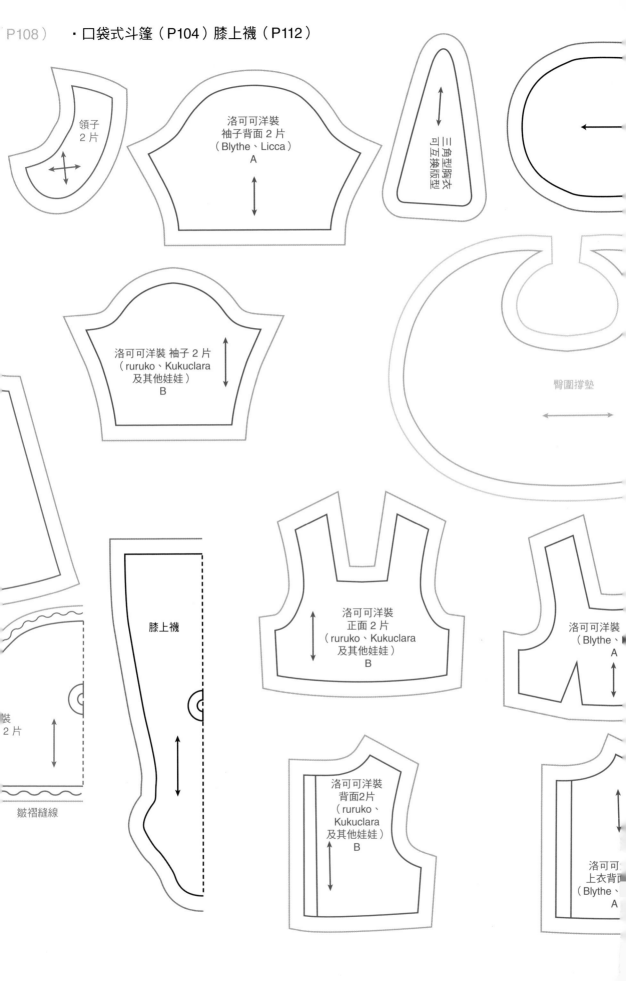

領子
2片

洛可可洋裝
袖子背面2片
（Blythe、Licca）
A

三角型胸衣
可互換版型

洛可可洋裝 袖子2片
（ruruko、Kukuclara
及其他娃娃）
B

臀圍撐墊

膝上襪

洛可可洋裝
正面2片
（ruruko、Kukuclara
及其他娃娃）
B

洛可可洋裝
（Blythe、
A

裝
2片

皺褶縫線

洛可可洋裝
背面2片
（ruruko、
Kukuclara
及其他娃娃）
B

洛可可
上衣背面
（Blythe、
A

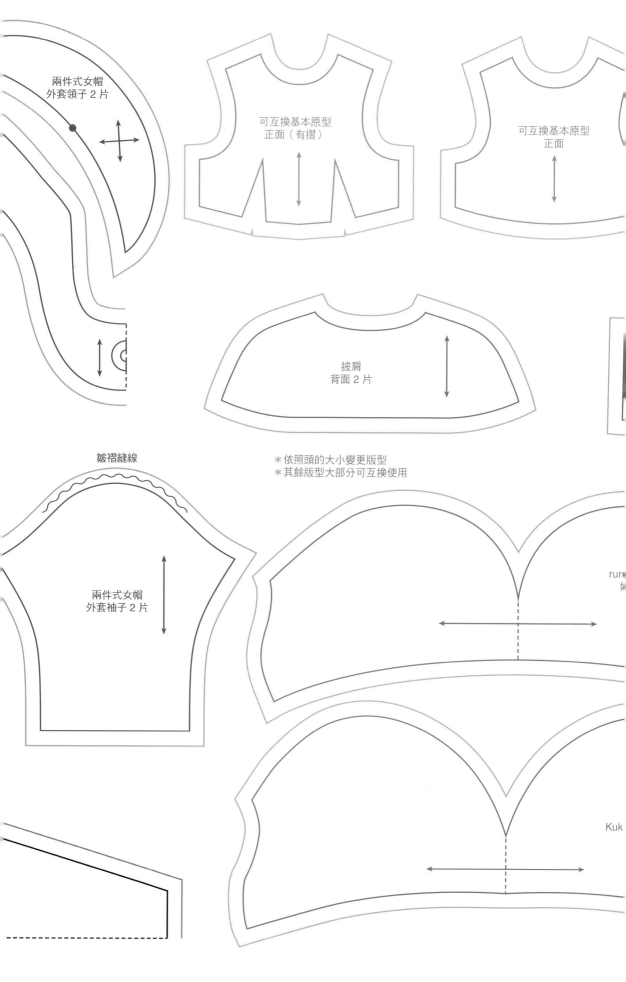

兩件式女帽
外套領子 2 片

可互換基本原型
正面（有摺）

可互換基本原型
正面

披肩
背面 2 片

皺褶縫線

＊依照頭的大小變更版型
＊其餘版型大部分可互換使用

兩件式女帽
外套袖子 2 片

rur
如

Kuk

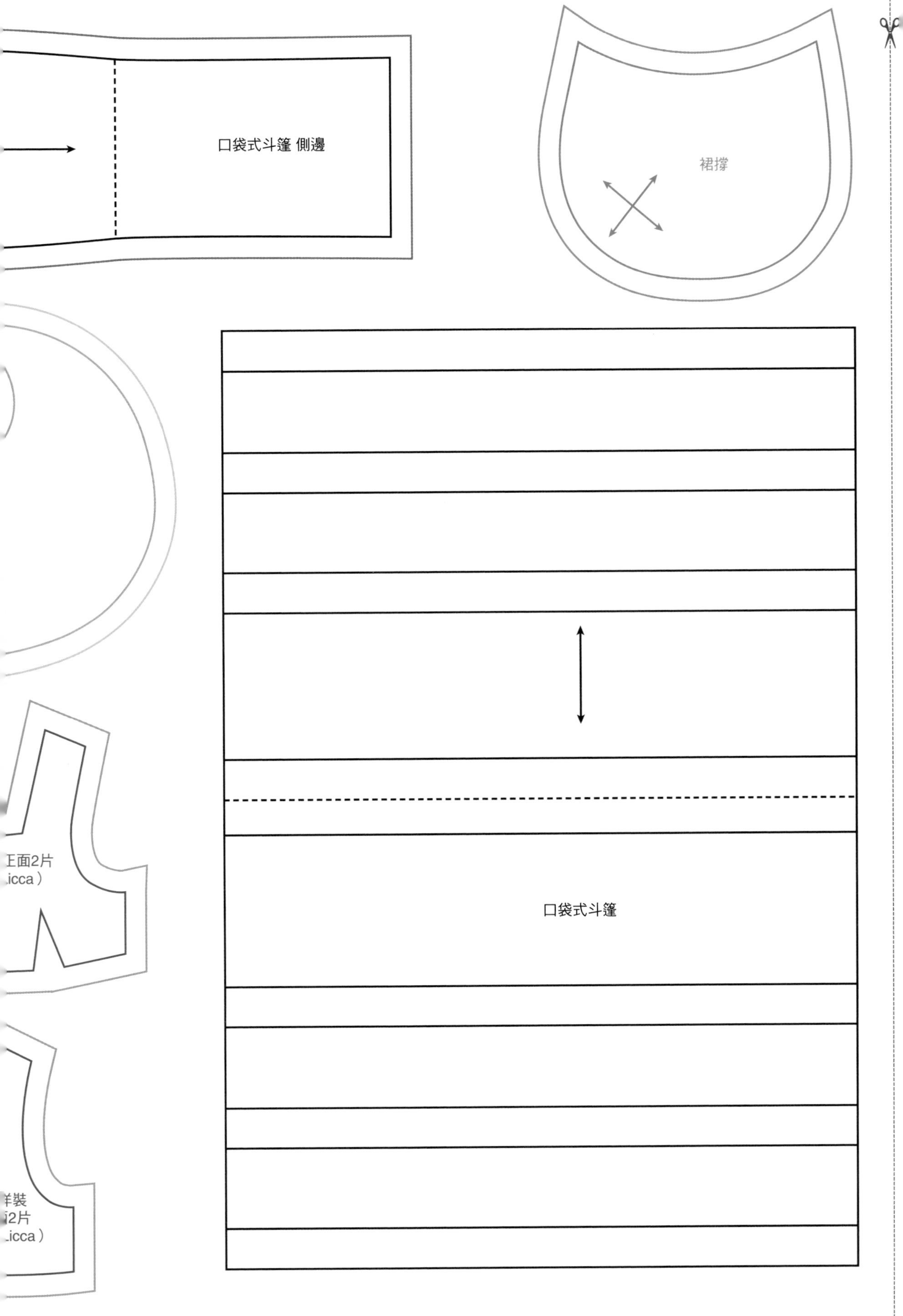

口袋式斗篷 側邊

裙撐

上面2片
（Licca）

洋裝
2片
（Licca）

口袋式斗篷

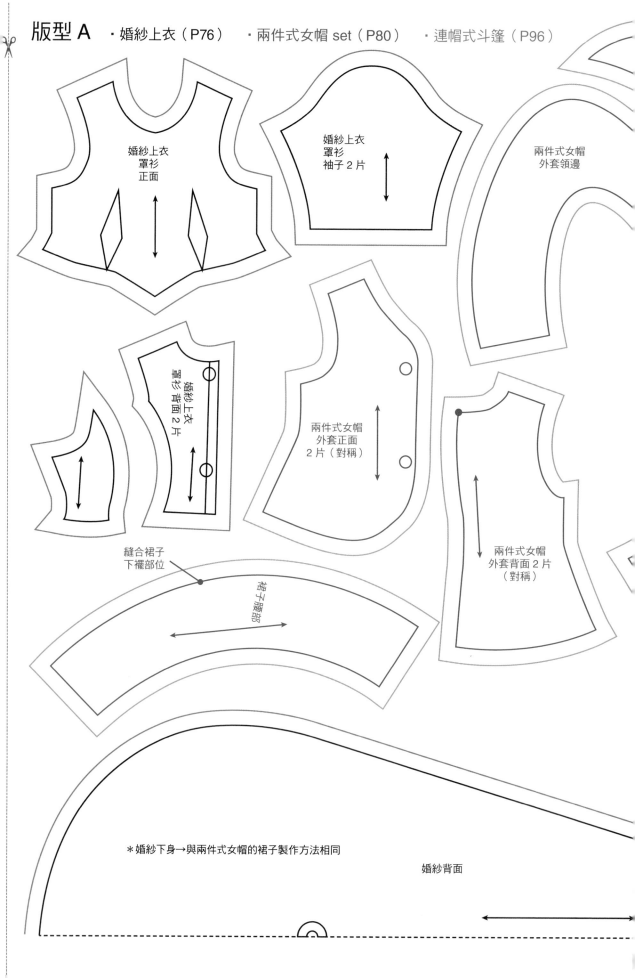

版型 A　·婚紗上衣（P76）　·兩件式女帽 set（P80）　·連帽式斗篷（P96）

婚紗上衣
罩衫
正面

婚紗上衣
罩衫
袖子 2 片

兩件式女帽
外套領邊

婚紗上衣
罩衫背面 2 片

兩件式女帽
外套正面
2 片（對稱）

兩件式女帽
外套背面 2 片
（對稱）

縫合裙子
下襬部位

裙子腰部

＊婚紗下身→與兩件式女帽的裙子製作方法相同

婚紗背面

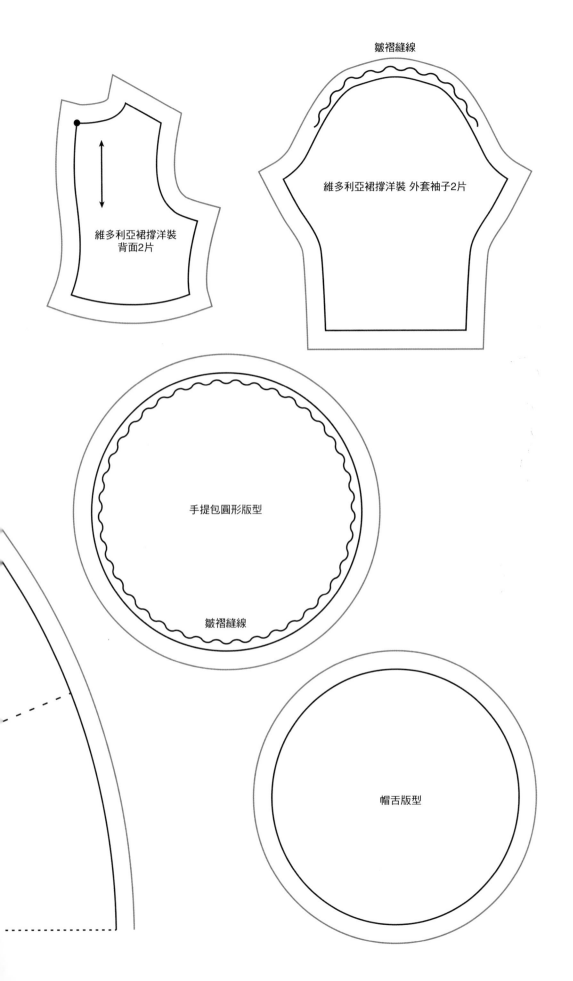

皺褶縫線

維多利亞裙撐洋裝 外套袖子2片

維多利亞裙撐洋裝
背面2片

手提包圓形版型

皺褶縫線

帽舌版型

版型 D ・維多利亞裙撐洋裝 2（P68）

＊所有版型需留 0.4cm～0.7cm 的摺邊後剪下。
（曲線 0.4cm／直線 0.5cm／下襬 0.7cm）

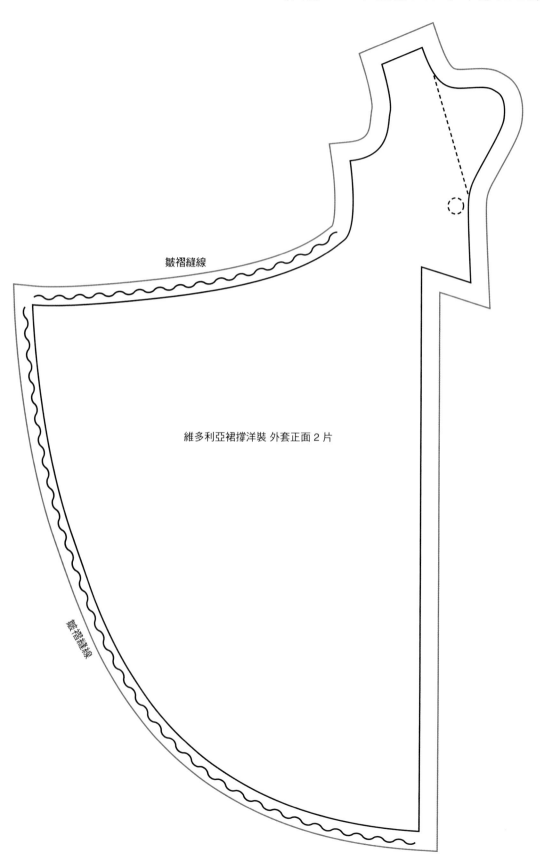

皺褶縫線

維多利亞裙撐洋裝 外套正面 2 片

皺褶縫線

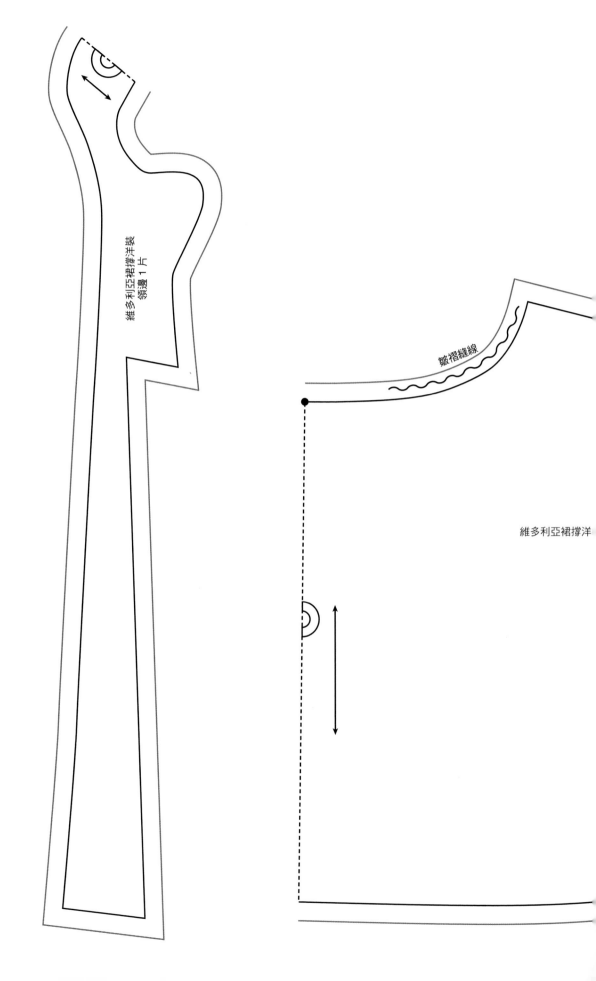

維多利亞裙撐洋裝
領邊 1 片

皺褶縫線

維多利亞裙撐洋

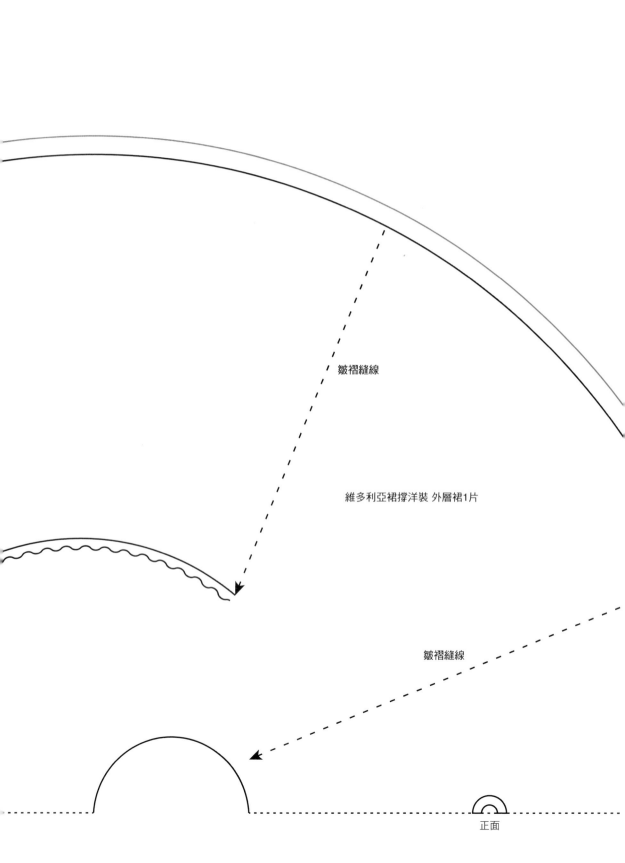

皺褶縫線

維多利亞裙撐洋裝 外層裙1片

皺褶縫線

正面

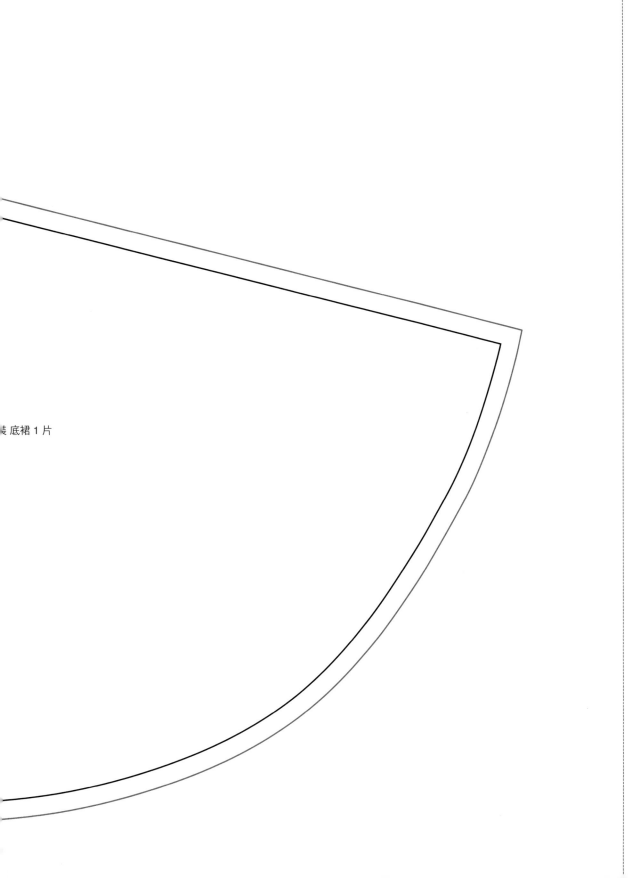

裝底裙 1 片

＊所有版型需留0.4cm～0.7cm的摺邊後剪下。
（曲線0.4cm／直線0.5cm／下襬0.7cm）

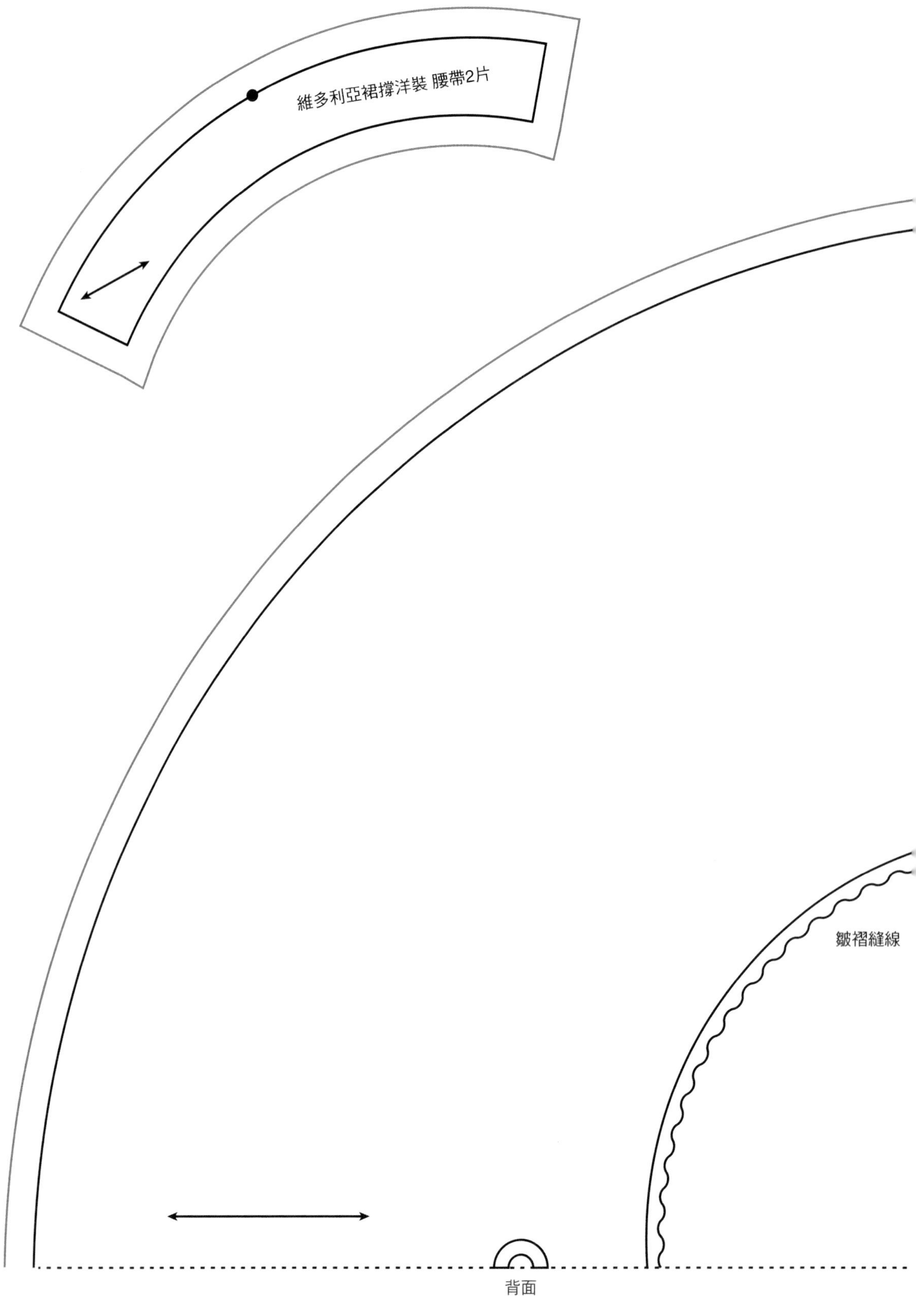

維多利亞裙撐洋裝 腰帶2片

皺褶縫線

背面

版型 E ·圍兜洋裝（P130） ·連肩袖洋裝（P134） ·基本針織連身裙（P146）

外層正面 1 片
（印花布料）

外層背面 2 片
（印花布料）

＊需對稱

裙子正面 1 片
（薄紗棉布）

裙子背面 2 片
（薄紗棉布）

＊需對稱

皺褶縫線

袖子 2 片
（薄紗棉布）

＊摺邊為 0.5cm
＊只有胸前的圍兜需保留足夠的摺邊

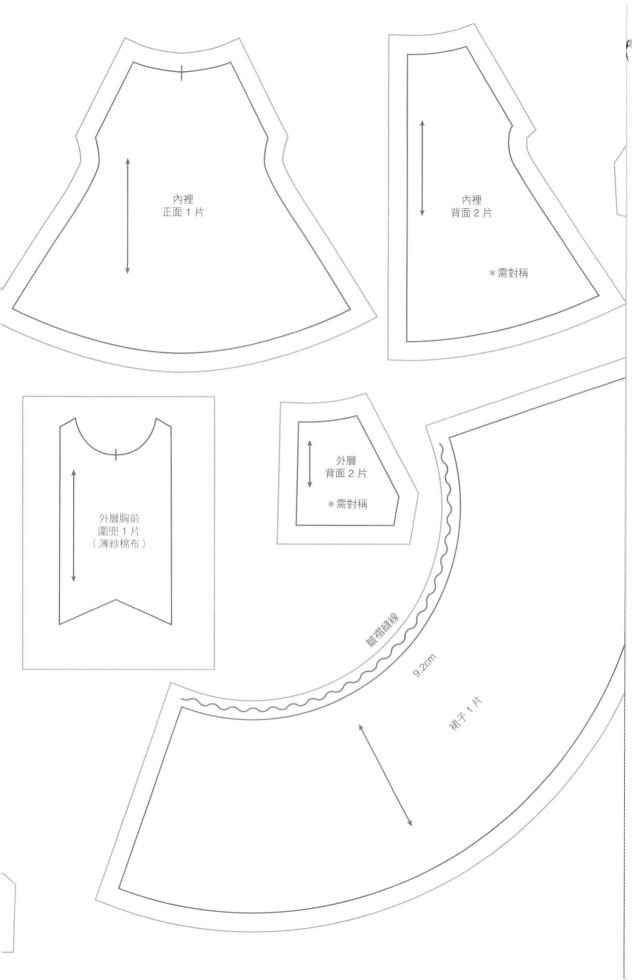

內裡
正面 1 片

內裡
背面 2 片

＊需對稱

外層胸前
圍兜 1 片
（薄紗棉布）

外層
背面 2 片

＊需對稱

皺褶縫線

9.2cm

裙子 1 片